高职高专规划教材

物理性污染监测

刘铁祥　主　编
邹润莉　副主编

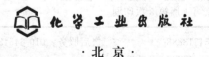

·北京·

全书分为十章，介绍了物理性环境污染，即噪声、环境放射性和电磁辐射的监测。本教材在编写过程中，力求反映目前的物理监测现状，注意知识与理论适度，着重强调实践性。

本书为高职高专环境监测专业及环境类其他各专业的教材，也可作为大中专院校环境保护、环境卫生等相关专业的人员培训及职业资格考试的培训教材。

图书在版编目（CIP）数据

物理性污染监测/刘铁祥主编. —北京：化学工业出版社，2009.9（2021.2 重印）

高职高专规划教材

ISBN 978-7-122-06412-7

Ⅰ. 物… Ⅱ. 刘… Ⅲ. 环境物理学-高等学校：技术学院-教材 Ⅳ. X12

中国版本图书馆 CIP 数据核字（2009）第 131378 号

责任编辑：王文峡   装帧设计：尹琳琳
责任校对：陶燕华

出版发行：化学工业出版社
　　　　　（北京市东城区青年湖南街 13 号　邮政编码 100011）
印　　装：北京盛通商印快线网络科技有限公司
850mm×1168mm　1/32　印张 7¾　字数 207 千字
2021 年 2 月北京第 1 版第 5 次印刷

购书咨询：010-64518888　　　售后服务：010-64518899
网　　址：http://www.cip.com.cn
凡购买本书，如有缺损质量问题，本社销售中心负责调换。

定　　价：28.00 元

前　言

声、光、电、热是人们再熟悉不过的几种物理现象，电磁波、放射性也在人类的物质文明中扮演重要角色，社会发展与经济建设离不开这些物理现象，这已是不争的事实。然而，当这些物理因素过量时，它们便成了危及人类健康的污染因素，如：嘈杂的声音（噪声）会干扰人们的睡眠、休息、学习、工作和交谈，强噪声会导致耳聋；有的矿工由于长期使用风钻一类的工具会出现手指冰凉、苍白、无血色的症状，这就是振动病；强烈的电磁辐射尤其是微波辐射能使人植物神经功能紊乱，产生头痛、食欲不振、动作迟钝、记忆力减退等症状；强光会刺激人眼，出现红肿；放射性能使人产生白血病、白内障、肿瘤等，还可发生遗传效应，影响子孙后代。这些就是环境物理性污染。物理性污染是一种能量传递与吸收性污染，它与化学性、生物性污染不同，物理性污染是局部性的，其污染在环境中不会残留物质，随污染源撤销而消失。

物理监测是一门综合性很强的课程，涉及物理学的多个分支和生理学、心理学、医学、社会学、管理学等学科。物理监测就是对环境中物理性因素的污染程度进行监测，并根据国家有关标准作出环境质量评价，为有关部门、有关单位选择环境保护措施、作出环境保护决策提供真实、可靠的依据。

本教材在编写过程中，力求反映目前的物理监测现状，注意知识性与理论性适度，着重强调实践性；着眼于培养学生的实际操作能力和职业岗位的适应能力。全书分为十章，主要内容涉及噪声、放射性和电磁辐射三大板块。全书由刘铁祥、邹润莉、刘艳霖、王勇波编写。在编写过程中得到了姚运先教授和贺小凤教授的指导，在此谨致感谢。

限于编者水平和经验，教材中难免存在疏漏和不足，敬请读者提出建议和修改意见。

编　者

2009 年 6 月

目　录

第一章 噪声概述

环境声学是研究噪声对人们日常生活和社会活动产生各种影响的科学。自第二次世界大战结束以来，随着工业和交通事业的迅速发展，环境噪声日趋严重。在我国一些大城市的环境污染投诉中，噪声占了 60%～70%，已经成为广泛的社会公害。

第一节 噪声及其危害

一、噪声

噪声是指人们不需要的声音。噪声可能是由自然现象产生的，也可能是由人们活动形成的。噪声可以是杂乱无序的宽带声音，也可以是节奏和谐的乐音。当声音超过人们生活和社会活动所允许的程度时就成为噪声污染。

二、噪声的危害

噪声的危害是多方面的。比如损伤听力、影响睡眠、诱发疾病、干扰语言交谈；特别强的噪声还会影响设备正常运转，损坏建筑结构等。下面分别加以简要阐述。

1. 噪声对听力的损伤

大量的调查研究表明，由于人们长期在强噪声环境下工作，会使内耳听觉组织受到损伤，造成耳聋。国际标准化组织规定，听力损失用 500Hz、1000Hz 和 2000Hz 三个频率上的听力损失的平均值来表示。听力损失在 15dB 以下属正常，15～25dB 属接近正常，25～40dB 属轻度耳聋，40～65dB 属中度耳聋，65dB 以上属重度耳聋。一般讲噪声性耳聋是指平均听力损失超过 25dB。在这种情况下，人与人相互间进行 1.5m 外的正常交谈会有困难，句子的可懂度下降 13%，句子加单音节词的混合可懂度降低 38%。

大量的统计资料表明，噪声级在 80dB 以下，方能保证人们长期工作不致耳聋。在 90dB 以下，只能保护 80％的人工作 40 年后不会耳聋。即使是 85dB，仍会有 10％的人可能产生噪声性耳聋。

衡量听力损失的量是听力阈级。听力阈级是指耳朵可以觉察到的纯音声压级。它与频率有关，可用专用的听力计测定。阈级越高，说明听力损失或部分耳聋的程度越大。由噪声引起的阈级提高，称噪声性迁移。当噪声暴露终止后，经过一段时间的休息，听力如能逐渐恢复原状，称暂时性阈移。如果在强噪声环境下暴露时间过长，虽经休息仍有部分阈移不能恢复，这部分阈移称为永久性阈移。

上面所述的噪声性耳聋是慢性的，即指听力损失是由于强噪声环境的影响日积月累缓慢发展形成的。另外，还有一种急性的噪声性耳聋，称为暴振性耳聋。当突然暴露在极其强烈的噪声环境中，例如 150dB 以上的爆炸声，会使人的听觉器官发生急性外伤，出现鼓膜破裂、内耳出血、基底膜的表皮组织剥离等症状。这种声外伤可使人耳即刻失聪。

2. 噪声对睡眠的干扰

睡眠对人体是极重要的，它能使人们新陈代谢得到调节，人的大脑通过睡眠得到充分休息，消除体力和脑力疲劳。人的睡眠一般以朦胧——半睡——熟睡——沉睡等几个阶段为一个周期。每个周期大约 90min，周而复始。年纪越大，半睡状态增加，熟睡阶段缩短。连续噪声可以加快熟睡到半睡的回转，会使人多梦、熟睡的时间缩短。突发的噪声使人惊醒。一般来说，40dB 的连续噪声可使 10％的人睡眠受影响，70dB 可使 50％的人受影响，而突发性噪声在 40dB 时可使 10％的人惊醒，到 60dB 时，可使 70％的人惊醒。

3. 噪声对人体的生理影响

噪声除了损伤人耳的听力外，对人体的生理机能也会引起不良反应。长期暴露在强噪声环境中，会使人体的健康水平下降，诱发各种慢性疾病。例如，噪声会引起人体的紧张反应，使肾上腺素分泌增加，引起心率加快，血压升高。一些工业噪声调查资料结果显示，在高噪声条件下工作的人们，患高血压病、动脉硬化和冠心病的发病率比低噪声条件下工作的人要高2～3倍。对小学生的调查发现，经常暴露于飞机噪声下的儿童比安静环境下的儿童血压要高。

噪声也会引起消化系统方面的疾病。有关调查报道，在某些吵闹的工业行业中，消化性溃疡的发病率比低噪声条件下要高5倍。通过人和动物实验都表明，在80dB环境下，肠蠕动要减少37%，随之而来的是胀气和肠胃不适。当外加噪声停止后，肠蠕动由于过量的补偿，节奏加快，幅度增大，结果引起消化不良。长期的消化不良将诱发胃肠黏膜溃疡。在神经系统方面，噪声会造成失眠、疲劳、头晕及记忆力衰退，诱发神经衰弱症。

当然，引发各种慢性疾病的原因是多方面的。噪声的危害程度究竟多大，还难以得到明确的定量结论。

4. 噪声对语言交谈和通信联络的干扰

通常情况下，人们相对交谈距离1m时，平均声级大约是65dB。但是，环境噪声会掩蔽语言声，使语言清晰度降低。语言清晰度是指被听懂的语言单位百分数。噪声级比语言声级低很多时，噪声对语言交谈几乎没有影响。噪声级与语言声级相当时，正常交谈受到干扰。噪声级高于语言声级10dB时，谈话声就会被完全掩蔽，当噪声级大于90dB时，即使大声叫喊也难以进行正常交谈。在噪声环境下，发话人会不自觉地提高发话声级或缩短谈话者之间的距离。通常，噪声每提高10dB，发话声级约增加7dB。虽然，清晰度的降低可由嗓音的提高而得到部分补偿，但是发话人极易疲劳甚至声嘶力竭。

由于噪声容易使人疲劳，因此会使相关人员难以集中精力、从而使工作效率降低，这对于脑力劳动者尤为明显。

此外，由于噪声的掩蔽效应，会使人不易察觉一些危险信号，从而容易造成工伤事故。

5. 特强噪声对仪器设备和建筑结构的危害

噪声对仪器设备的危害与噪声的强度、频谱以及仪器设备本身的结构特性密切相关。当噪声级超过 135dB 时电子仪器的连接部位会出现错动，引线产生抖动，微调元件发生偏移，使仪器发生故障而失效。当噪声级超过 150dB 时，仪器的元器件可能失效或损坏。在特强噪声作用下，由于声频交变负载的反复作用，会使机械结构或固体材料产生声疲劳现象而出现裂痕或断裂。在冲击波的影响下，建筑物会出现门窗变形、墙面开裂、屋顶掀起、烟囱倒塌等破坏。当噪声级达到 140dB 时，轻型建筑物就会遭受损伤。此外，剧烈振动的振动筛、空气锤、冲床、建筑工地的打桩和爆破等，也会使振源周围的建筑物受到损害。

第二节　环境声学的研究内容

让每一个人能在理想的声学环境中工作、学习和生活，是多年来声学工作者不断努力的奋斗目标。自 1974 年在第八届国际声学会议上采用"环境声学"这个术语以来，环境声学已经发展到比较成熟的阶段。环境声学的研究范畴大致可以概括为噪声污染的规律、噪声评价方法和标准，噪声控制技术、噪声测试技术和仪器，噪声对人体的影响和危害等方面。

一、噪声污染规律

环境噪声污染是指被测试环境的噪声级超过国家或地方规定的噪声标准限值，并影响人们的正常生活、工作或学习的声音。城市环境的主要噪声按其产生源可分为工业噪声、交通噪声、建筑施工噪声和社会生活噪声；按其产生的机理又可分为机械噪声、气流噪声和电磁噪声。

传播途径指由声源所发出的声波传播到某个区域（或接受者）所经过的路线。声波在传播过程中由于传播距离、地形变化、建筑物、树丛草坪、围墙等的影响使声能量明显衰减或者改变传播方向。

污染规律的研究包括噪声辐射和传播过程中的声衰减与各有关参量的关系、噪声的时间分布和空间分布等。其研究方法有现场类比测量、理论研究、数学分析、计算机模拟和实验室缩尺声模型试验等。

二、噪声评价方法和标准

世界各国的声学工作者对噪声的危害和影响进行长期的多方面的调查研究。提出了各种评价指标和方法，希望得到能确切反映主观响应的客观（物理）评价量和相应的计算方法，以及适宜的控制值，制定保护人体健康和保障人们正常活动的有关标准和法规。历年来提出的评价量数量众多。不同的评价量适用于不同类别的噪声源、使用场合和时段。目前，基本上得到公认的有评价人耳对不同频率和强度的声音的响度级，各种计权声级、描述噪声干扰程度的噪声指数等。其中采用最为普遍的评价量是 A 计权声级。

噪声的影响范围广、危害大，必须加以防治。这就需要对其加以控制。降低噪声使它对任何人不产生损伤，在技术上是可能达到的，但是在经济上可能不能承受。究竟应当把噪声限制在什么程度，制定何种噪声标准，就需要在"危害"与"经济"之间进行综合考虑，确定一种合理的标准。在这种标准条件下，噪声对于人体有害影响仍是存在的，只是不会产生明显的不良后果。所以这类标准实际上是一些噪声容许标准。目前，经常引用的噪声标准有工业企业噪声卫生标准、声环境质量标准和工业产品噪声标准等。

三、噪声控制技术

环境噪声污染由声源、传声途径和受主三个基本环节组成。因此，噪声污染的控制必须把这三个环节作为一个系统进行研究。

国际噪声控制协会曾经提出自 20 世纪 80 年代起是"从声源控制噪声"的年代。降低声源的噪声辐射是控制噪声的根本途径。通过对声源发声机理和机器设备运行功能的深入研究，研制新型的低噪声设备；改进加工工艺；以及加强行政管理均能显著降低环境噪声。

声传播途径中的控制仍是常用的降噪手段：在噪声传递的路径上，设置障碍以阻止声波的传播，铺置吸声材料增加声能损耗，或者通过反射、折射改变声波的传播方向。在噪声控制工程中经常采用的有效技术有吸声、隔声、阻尼和隔振等。常见的吸声墙面（吊顶）、声屏障、隔声门（窗）、消声器和隔振地板等，则是这些治理（控制）技术的具体应用。

受主控制就是采用护耳器、控制室等个人防护措施来保护工作人员的健康。这类措施适宜应用在噪声级较强、受影响的人员较少的场合。

控制措施的选择可以是单项的，也可以是综合的。既要考虑声学效果，根据相关的标准确定合理的降噪指标，也要考虑实际施工条件和治理经费。力求经济合理、切实可行。

科学技术的发展，特别是数字信号处理技术的快速发展，为噪声控制提供了许多新技术、新方法、新材料和新结构。噪声和振动的有源控制，经过 20 世纪 70 年代的原理研究，现已进入工程应用阶段，并已向产品化方向发展。声强技术开始于 80 年代，现在已有便携式声强测量系统的市售产品。声强技术可广泛应用于现场声功率测量、振动能流传递、振源定位、声源鉴别等方面。在理论分析方面的有限元法、边界元法、统计能量分析；以及功率流、声线跟踪法等数值分析日臻完善，普遍采用。

四、噪声测试技术和仪器

为了客观评价噪声的强弱，必须进行噪声测量。噪声测量系统，不管其如何复杂和先进，都可以归纳成三个部分：接受部分、分析部分和显示（记录）部分。这三部分可以汇集成一台仪器，也可以由几台仪器连接组成。

接受部分是指传声器和前置放大器。传声器将接受到的声信号转换成电信号，要求具有动态范围宽、频率响应平坦、灵敏度高、稳定性好、电噪声低等特性。通常采用电容传声器。由于电容传声器的输出阻抗很高，为了使其后面能连接较长电缆，在电容传声器输出端紧配前置放大器，起阻抗变换的作用。

分析部分可以分成两种不同的方式。对于采用模拟分析技术的装置，一般由输入放大器（附衰减器）、滤波器（计权网络）和输出放大器（附衰减器）三种电路组成。对于采用数字信号分析技术的装置，在信号采样后由数字运算（程序）来完成各种分析功能。

最简单的显示方式是将分析部分的输出信号经检波后由电表指示。近期大多采用液晶数字显示，或在显示屏上给出频谱图、表显示。记录的方式有磁带记录、电子记录和数字信号的储存等。

声学测量中最常用的基本仪器是声级计。它是一种按一定频率计权和时间计权测量声音声压的仪器。声级计通常需要较长的分析时间，适用于相对稳定的连续信号。实时分析仪，特别是 20 世纪 70 年代中期发展起来的全数字式实时分析仪，具有快速分析的特点，可用于瞬态信号或迅变信号的分析。

测量方法的选定取决于噪声测量的目的和现有的仪器条件。声级计模式分析是指常用声级计可提供的分析功能。主要有各种计权声级、统计声级和频谱分析。利用数字信号处理技术，特别是采用双通道输入，就能对信号进行 FFT 分析、相关分析、相干分析、声强分析和倒频分析，求得被测系统的频率响应或脉冲响应，从而获得更为深刻全面的信息。

五、对人体的影响和危害

这方面的研究包括噪声的生理效应和心理效应两部分。噪声的生理效应涉及噪声对人的听觉系统、心血管系统、消化系统、神经系统和其他脏器的影响及危害。

噪声引起的心理影响主要是烦躁，包括对短时作用噪声的主观评价和影响，对低频的听觉响应和评价，以及探索能够明确反映不同主观评价的客观参量。

由于人们的生理效应和心理效应往往是由多种因素共同作用或长期积累产生的，所以对于噪声的生理效应和心理效应的研究，一般需要坚持不懈地长期跟踪、调查、积累足够多的数据，再经反复论证、统计分析，才可能得出可靠的研究结论。

总之，环境声学是一门以声学知识为核心，涉及生理学、心理学、社会学、经济学和管理学等内容的综合学科。研究环境声学问题既要求有高度的科学性，也要求有高度艺术性；既要关心研究成果的经济效益，更应注重研究成果的社会效益。

第二章　声波的基本性质及其传播规律

在日常生活中存在各种各样的声音。例如，人们的交谈声、汽车喇叭声、机器运转声、演奏乐器的乐声等等。在所有各种声音中，凡是有人感到不需要的声音，对这些人来说，就是噪声。简单地讲，噪声就是指不需要的声音。为了对噪声进行测量、分析、研究和控制，就需要了解声音的基本特性。本章主要介绍声波的基本性质及其传播规律。

第一节　声波的产生及描述方法

一、声波的产生

1. 声源

各种各样的声音都起始于物体的振动。凡能产生声音的振动物体统称为声源。从物体的形态来分，声源可分成固体声源、液体声源和气体声源等。例如，锣鼓的敲击声、大海的波涛声和汽车的排气声都是常见的声源。如果你用手指轻轻触及被敲击的鼓面，就能感觉到鼓膜的振动。所谓声源的振动就是物体（或质点）在其平衡位置附近进行的往复运动。

2. 声波的形成

当声源振动时，就会引起声源周围弹性媒质——空气分子的振动。这些振动的分子又会使其周围空气分子产生振动。这样，声源产生的振动就以声波的形式向外传播。声波不仅可以在空气中传播，也可以在液体和固体中传播。但是，声波不能在真空中传播，因为在真空中不存在能够产生振动的弹性媒质。根据传播媒质的不同，可以将声分成空气声、水声和固体（结构）声等类型。

在空气中，声波是一种纵波，这时媒质质点的振动方向是与声

8

波的传播方向相一致的。反之，将质点振动方向与声波传播方向相互垂直的波称为横波。在固体和液体中既可能存在声波的纵波，也可能存在横波。

需要注意的是，纵波或横波都是通过相邻质点间的动量传递来传播能量的，而不是由物质的迁移来传播能量的。例如，若向水池中投掷小石块，就会引起水面的起伏变化，一圈一圈地向外传播，但是水质点（或水中的漂浮物）只是在原位置处上下运动，并不向外移动。

二、描述声波的基本物理量

当声源振动时，其邻近的空气分子受到交替的压缩和扩张，形成疏密相间的状态，空气分子时疏时密，依次向外传播如图 2-1 所示。

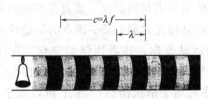

图 2-1 空气的声波

当某一部分空气变密时，这部分空气的压强 P 变得比平衡状态下的大气压强（静态压强）P_0 大；当某一部分的空气变疏时，这部分空气的压强 P 变得比静态大气压强 P_0 小。这样，在声波传播过程中会使空间各处的空气压强产生起伏变化。通常用 p 表示压强的起伏变化量，即与静态压强的差 $p = P - P_0$，称为声压。声压的单位是帕（斯卡）（Pa），$1Pa = 1N/m^2$。

如果声源的振动是按一定的时间间隔重复进行的，也就是说振动是具有周期性的，那么就会在声源周围媒质中产生周期性的疏密变化。在同一时刻，从某一个最稠密（或最稀疏）的地点到相邻的另一个最稠密（或最稀疏）的地点之间的距离称为声波的波长，记为 λ，单位为米（m）。振动重复 1 次的最短时间间隔称为周期，记为 T，单位为秒（s）。周期的倒数，即单位时间内的振动次数，称为频率，记为 f，单位为赫兹（Hz），$1\mathrm{Hz}=1\mathrm{s}^{-1}$。

如前所述，媒质中的振动状态由声源向外传播。这种传播是需要时间的，即传播的速度是有限的，这种振动状态在媒质中的传播速度称为声速，记为 c，单位为米每秒（m/s）。在空气中声速：

$$c=331.45+0.61t \tag{2-1}$$

式中　t——空气的摄氏温度，℃。

可见，声速 c 随温度会有一些变化，但是一般情况下，这个变化不大，实际计算时常取 c 为340m/s。

显然，在这些物理量之间存在着如下的相互关系：

$$\lambda=c/f \tag{2-2}$$

$$f=1/T \tag{2-3}$$

声波传播时，媒质中各点的振动频率都是相同的，但是，在同一时刻各点的相位不一定相同。同一质点在不同时刻也会具有不同的相位。所谓相位是指在时刻 t 某一质点的振动状态，包括质点振动的位移大小和运动方向，或者压强的变化。在图 2-2 中，质点 A、B 以相同频率振动，但是 B 比 A 在运动时间上有一定的滞后，C、D…等质点在时间上依次滞后，当 A 质点处于最大压缩状态，即压强增大最大时，B、C、D 质点处的压强依次减弱。这就是说

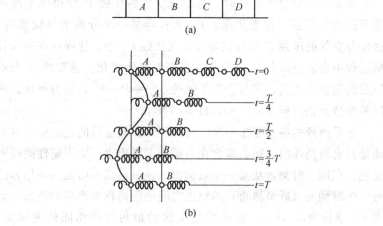

图 2-2　声波传播的物理过程

10

质点间在振动相位上依次落后，存在相位差。正是由于各个质点的振动在时间上有超前和滞后，才在媒质中形成波的传播。可以看出，距离为波长 λ 的两质点间的振动状态是完全相同的，只不过后者在时间上延迟了一个周期。

第二节　声波的基本类型

一般常用声压 p 来描述声波，在均匀的理想流体媒质中的小振幅声波的波动方程是

$$\frac{\partial^2 p}{\partial x^2}+\frac{\partial^2 p}{\partial y^2}+\frac{\partial^2 p}{\partial z^2}=\frac{1}{c^2}\frac{\partial^2 p}{\partial t^2} \tag{2-4a}$$

或记为

$$\nabla^2 p=\frac{1}{c^2}\frac{\partial^2 p}{\partial t^2} \tag{2-4b}$$

式中　∇——拉普拉斯算符，在直角坐标系中，$\nabla^2=\dfrac{\partial^2 p}{\partial x^2}+\dfrac{\partial^2 p}{\partial y^2}+\dfrac{\partial^2 p}{\partial z^2}$；

　　　c——声速；

　　　t——时间。

式(2-4)表明，声压 p 是空间（x、y、z）和时间 t 的函数，记为 p（x、y、z、t），描述不同地点在不同时刻的声压变化规律。

根据声波传播时波阵面的形状不同可以将声波分成平面声波、球面声波和柱面声波等类型。

一、平面声波

当声波的波阵面是垂直于传播方向的一系列平面时，就称其为平面声波。所谓波阵面是指空间同一时刻相位相同的各点的轨迹曲线。若将振动活塞置于均匀直管的始端，管道的另一端伸向无穷。当活塞在平衡位置附近作小振幅的往复运动时，在管内同一截面上各质点将同时受到压缩或扩张，具有相同的振幅和相位。这就是平面声波。声波传播时处于最前沿的波阵面也称为波前。通常，可以将各种远离声源的声波近似地看成平面声波。平面声波在数学上的处理比较简单，是一维问题。通过对平面声波的详细分析，可以了解声波的许多基本性质。

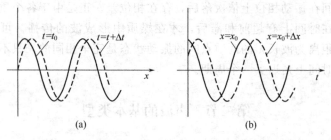

图 2-3 声压 p 随时间 t、空间坐标 x 的变化波形

(a) 在确定时刻 t_0，声压 p 随空间坐标 x 的变化曲线；

(b) 在确定位置 x_0，声压 p 随时间 t 的变化曲线

如果管道始端的活塞以正（余）弦函数的规律往复运动，则称为简谐振动。活塞偏离平衡位置的距离 ξ 称为位移。对简谐振动有

$$\xi = \xi_0 \cos(\omega t + \varphi) \tag{2-5}$$

式中　　ξ_0——活塞离开平衡处的最大位移，称为振幅；

　　　　ω——$2\pi f$ 称为角频率；

　　　　t——时间；

　$(\omega t + \varphi)$——时刻 t 的相位；

　　　　φ——初相位。

在均匀理想流体媒质中，小振幅平面声波的波动方程是

$$\frac{\partial^2 p}{\partial x^2} = \frac{1}{c^2}\frac{\partial^2 p}{\partial t^2} \tag{2-6}$$

对于简谐振动，沿 x 正方向传播的平面声波为

$$p(x,t) = P_0 \cos(\omega t - kx + \varphi)$$

为了表述简洁，适当选取时间的起始值，或适当选取 x 轴的坐标原点，使 $\varphi = 0$，则有

$$p(x,t) = P_0 \cos(\omega t - kx) \tag{2-7}$$

式中　P_0——振幅；

　　　$k = \omega/c$ 称为波数。

如果观察在某一确定时刻 $t = t_0$ 时声波在空间沿 x 方向分布的情况，其波形如图 2-3（a）所示。如果要观察在空间定点位置 $x =$

x_0 处声波随时间的变化情况，其波形如图 2-3(b) 所示。

假定在 $t=t_0$ 时刻，空间 $x=x_0$。位置处于某种物理状态（例如声压极大），由于声波的传播经过 t 时间后，这种状态将传播到 $x_0+\Delta x$ 位置，由式(2-7) 得

$$P_0\cos(\omega t_0-kx_0)=P_0[\omega(t_0+\Delta t)-k(x_0+\Delta x)]$$

这就要求

$$\omega\Delta t-k\Delta x=0$$

因为

$$k=\omega/c$$

所以

$$c=\frac{\Delta x}{\Delta t}$$

这也就是说，x_0 处 t_0 时刻的声压经过 Δt 后传播到 $x_0+\Delta x$ 处，整个声压波形以速度 c 沿 x 正方向传播。声速 c 是波相位的传播速度，也是自由空间中声能量的传播速度，而不是空气质点的振动速度 μ。质点的振动速度可由微分形式的牛顿第二定律求出：

$$\rho_0\frac{\partial u}{\partial t}=-\frac{\partial p}{\partial x} \tag{2-8}$$

式中 ρ_0——空气的密度，kg/m^3。

对沿正 x 方向传播的简谐平面声波，质点的振动速度：

$$u_x=U_0\cos(\omega t-kx) \tag{2-9}$$

式中，$U_0=P_0/\rho_0 c$ 称为质点振动的速度振幅。

根据声阻抗率的定义

$$Z_s=p/u \tag{2-10}$$

对于平面声波，$Z_s=\rho_0 c$，只与煤质的密度 ρ_0 和媒质中的声速 c 有关，而与声波的频率、幅值等无关，故又称 $\rho_0 c$ 为媒质的特性声阻抗，单位为帕（斯卡）秒每米（$Pa\cdot s/m$）。

前面只讨论了沿正 x 方向传播的平面声波。对于沿 x 负方向传播的简谐平面声波，只要简单地将式(2-7) 中的波数 k 用 $-k$ 代替就行了，即有

$$p(x,t)=P_0\cos(\omega t+kx) \tag{2-11}$$

与其相对应，对于沿负 x 方向传播的简谐平面声波，质点的振动速度：

13

$$u_x = U_0 \cos(\omega t + kx) \tag{2-12}$$

这时，$U_0 = -P_0/\rho_0 c$，与沿正 x 方向传播时的 U_0 表达式相差一个负号。

二、球面声波、柱面声波

1. 球面声波

当声源的几何尺寸比声波波长小得多时，或者测量点离开声源相当远时，则可以将声源看成一个点，称为点声源。在各向同性的均匀媒质中，从一个表面同步胀缩的点声源发出的声波是球面声波，也就是在以声源点为球心，以任何 r 值为半径的球面上声波的相位相同。球面声波的波动方程为

$$\frac{\partial^2 (rp)}{\partial r^2} = \frac{1}{c^2} \frac{\partial^2 (rp)}{\partial t^2} \tag{2-13}$$

可用 $p(r, t)$ 来描述从球心向外传播的简谐球面声波：

$$p(r, t) = \frac{P_0}{r} \cos(\omega t - kr) \tag{2-14}$$

球面声波的一个重要特点是，振幅随传播距离 r 的增加而减小，二者成反比关系。

2. 柱面声波

波阵面是同轴圆柱面的声波称为柱面声波，其声源一般可视为"线声源"。考虑最简单的柱面声波，声场与坐标系的角度和轴向长度无关，仅与径向半径 r 相关。于是有波动方程：

$$\frac{1}{r} \frac{\partial}{\partial r} \left(r \frac{\partial p}{\partial r} \right) = \frac{1}{c^2} \frac{\partial^2 p}{\partial t^2} \tag{2-15}$$

对于远场简谐柱面声波有

$$p \cong p_0 \sqrt{\frac{2}{\pi kr}} \cos(rt - kt) \tag{2-16}$$

其幅值由于 $\sqrt{2/\pi kr}$ 存在，随径向距离的增加而减少，与距离的平方根成反比。

平面声波、球面声波和柱面声波都是理想的传播类型。在具体应用时可对实际条件进行合理近似，例如，可以将一列火车，或公

路上一长串首尾相接的汽车看成不相干的线声源，将大面积墙面发出的低频声波视作平面声波等。

三、声线

除了用波阵面来描绘声的传播外，也常用声线来描绘声波的传播，声线也常称为声射线。声线就是自声源发出的代表能量传播方向的直线，在各向同性的媒质中，声线就是代表波的传播方向且处处与波阵面垂直的直线。

平面声波的传播方向总保持一个恒定方向，声线为相互平行的一系列直线。简单的球面波的声线是由声源点 S 发出的半径线（图 2-4）。柱面波的声线是由线声源发出的径向线。

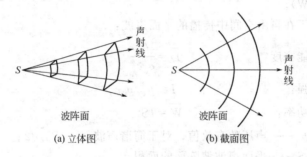

(a) 立体图	(b) 截面图

图 2-4　球面声波声线立体图

当声波频率较高，传播途径中遇到的物体的几何尺寸比声波波长大很多时，可以不计声波的波动特性，直接用声线来加以处理，其分析方法与几何光学中的光线法非常相似。

四、声能量、声强、声功率

1. 声能量

声波在媒质中传播，一方面使媒质质点在平衡位置附近往复运动，产生动能。另一方面又使媒质产生了压缩和膨胀的疏密过程，使媒质具有形变的势能。这两部分能量之和就是由于声扰动使媒质得到的声能量。

空间中存在声波的区域称为声场。声场中单位体积媒质所含有的声能量称为声能密度，记为 D，单位为焦（耳）每立方米

(J/m^3)。

2. 声强

声场中某点处，与质点速度方向垂直的单位面积上在单位时间内通过的声能称为瞬时声强，它是一个矢量。在指定方向 n 的声强 I_n 等于 $I \cdot n$。对于稳态声场，声强是指瞬时声强在一定时间 T 内的平均值。声强的符号为 I，单位为瓦特每平方米（W/m^2）。同时，将单位时间内通过某一面积的声能称为声功率（或称为声能通量），单位为瓦（W）。

3. 声功率

声源在单位时间内发射的总能量称为声功率，记为 W，单位为瓦（W）。

对于在自由空间中传播的平面声波：

声能密度：$$\overline{D} = \frac{p_e^2}{\rho_0 c^2} \qquad (2\text{-}17)$$

声强：$$\overline{I} = p_e^2 / \rho_0 c \qquad (2\text{-}18)$$

声功率：$$\overline{W} = \overline{I} S \qquad (2\text{-}19)$$

式中　p_e——声压的有效值，对于简谐声波 $p_e = P_0 / \sqrt{2}$；

　　　S——平面声波波阵面的面积。

符号顶部的"—"表示对一定时间 T 的平均。

第三节　声波的叠加

前面讨论的各类声波都是只包含单个频率的简谐声波。而实际遇到的声场，如谈话声、音乐声、机器运转声等，不只含有一个频率或只有一个声源。这样就涉及声叠加原理，各声源所激起的声波可在同一媒质中独立地传播，在各个波的交叠区域，各质点的声振动是各个波在该点激起的更复杂的复合振动。在处理声波的反射问题时也会用到叠加原理。

一、相干波和驻波

假定几个声源同时存在，在声场某点处的声压分别为 p_1，p_2，

p_3，…，p_n，那么合成声场的瞬时声压 p 为

$$p = p_1 + p_2 + \cdots + p_n = \sum_{i=1}^{n} p_i \qquad (2\text{-}20)$$

式中　p_i——第 i 列波的瞬时声压。

如果，两个声波频率相同，振动方向相同，且存在恒定的相位差：

$$p_1 = P_{01} \cos(\omega t - kx_1) = P_{01} \cos(\omega t - \varphi_1)$$
$$p_2 = P_{02} \cos(\omega t - kx_2) = P_{02} \cos(\omega t - \varphi_2)$$

式中，x_1 与 x_2 的坐标原点是由各列声波独自选定的，不一定是空间的同一位置。由叠加原理得

$$p = p_1 + p_2 = P_T \cos(\omega t - \varphi) \qquad (2\text{-}21)$$

由三角函数关系知

$$P_T^2 = P_{01}^2 + P_{02}^2 + 2P_{01}P_{02}\cos(\varphi_2 - \varphi_1) \qquad (2\text{-}22a)$$

$$\varphi = \tan^{-1} \frac{P_{01}\sin\varphi_1 + P_{02}\sin\varphi_2}{P_{01}\cos\varphi_1 + P_{02}\cos\varphi_2} \qquad (2\text{-}22b)$$

上述分析表明，对于两个频率相同、振动方向相同、相位差恒定的声波，合成声仍是一个同频率的声振动。它们之间的相位差：

$$\Delta\varphi = (\omega t - \varphi_1) - (\omega t - \varphi_2) = \varphi_2 - \varphi_1 = k(x_2 - x_1) \qquad (2\text{-}23)$$

$\Delta\varphi$ 与时间 t 无关，仅与空间位置有关，对于固定地点，x_1 和 x_2 确定，所以 $\Delta\varphi$ 是常量。原则上对于空间不同位置，$\Delta\varphi$ 会有变化。由式(2-22a) 可知，合成声波的声压幅值 P_T 在空间的分布随 $\Delta\varphi$ 变化。在空间某些位置振动始终加强，在另一些位置振动始终减弱，此现象称为干涉现象。这种具有相同频率、相同振动方向和恒定相位差的声波称为相干波。

当 $\Delta\varphi = 0$，$\pm 2\pi$，$\pm 4\pi$，…时，P_T 为极大值，$P_{T\max} = |P_{01} + P_{02}|$；在另外一些位置，当 $\Delta\varphi = \pm\pi$，$\pm 3\pi$，$\pm 5\pi$，…时，P_T 为极小值，$P_{T\min} = |P_{01} - P_{02}|$，这种声压值 P_T 随空间不同位置有极大值和极小值分布的周期波为驻波，其声场称为驻波声场。驻波的极大值和极小值分别称为波腹和波节。当 P_{01} 与 P_{02} 相等时，$P_{T\max} = 2P_{01}$，$P_{T\min} = 0$，驻波现象最明显。

二、不相干声波

在一般的噪声问题中，经常遇到的多个声波，或者是频率互不相同，或者是相互之间并不存在固定的相位差，或者是两者兼有，也就是说，这些声波是互不相干的。这样对于空间某定点，$\Delta\varphi$ 不再是固定的常值，而是随时间作无规变化，叠加后的合成声场不会出现驻波现象。

在不相干的情况下，各个声波间不存在固定相位差时，其能量可以直接叠加。总声压表示：

$$P_e^2 = P_{1e}^2 + P_{2e}^2 + \cdots + P_{ne}^2 = \sum_{i=1}^{n} P_{ie}^2 \qquad (2\text{-}24)$$

但是，如果要求某一时刻的瞬态值时，还应由 $P_T = \sum\limits_{i=1}^{n} P_i$ 来计算，两者不能混淆。

三、声音的频谱

实际生活中的声音很少是单个频率的纯音，一般多是由多个频率组合而成的复合声。因此，常常需要对声音进行频谱分析。若以频率 f 为横轴，以声压 p 为纵轴，则可绘出声音的频谱图（图 2-5）。

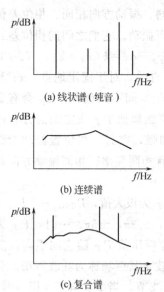

(a)线状谱（纯音）

(b)连续谱

(c)复合谱

图 2-5　几个典型的声音频谱图

对于线状谱声音可以确定单个频率处的声压。对于周期振动的声源，其产生的声音将是线状谱。其中，与振动周期相同正弦形式的频率称为基频，频率等于基频的整数倍的正弦形式称为谐波。例如，某个周期振动声源的周期 $T = 1/100\mathrm{s}$，那么，其发出的声音的基频是 $100\mathrm{Hz}$，二次谐波是 $200\mathrm{Hz}$，三次谐波是 $300\mathrm{Hz}$，依此类推。

对于连续谱声音，不可能给出

某个频率处的声压，只能测得某个频率 f 附近 Δf 带宽内的声压。显然，带宽不同所测得的声压（或声强）也会不同。对于足够窄的带宽 Δf 定义：

$$W(f) = p^2 / \Delta f \qquad (2\text{-}25)$$

称为谱密度。

第四节　声波的反射、透射、折射和衍射

声波在空间传播时会遇到各种障碍物，或者遇到两种媒质的界面。这时，依据障碍物的形状和大小，会产生声波的反射、透射、折射和衍射。声波的这些特性与光波十分相近。

一、垂直入射声波的反射和透射

当声波入射到两种媒质的界面时，一部分会经界面反射返回到原来的媒质中称为反射声波，一部分将进入另一种媒质中成为透射声波。

以平面声波为例，入射声波 p_i 垂直入射到媒质 Ⅰ 和媒质 Ⅱ 的分界面，媒质 Ⅰ 的特性阻抗为 $\rho_1 c_1$，媒质 Ⅱ 的特性阻抗为 $\rho_2 c_2$，分界面位于 $x = 0$ 处（图 2-6）。

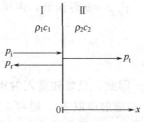

图 2-6　平面声波正入射到两种媒质的分界面

所谓的分界面是相当薄的一层，因此在分界面两边的声压是连续相等的：

$$p_1 = p_2 \qquad (2\text{-}26)$$

且因为两种媒质在界面密切接触，界面两边媒质质点的法向振动速度也应该连续相等，即

$$u_1 = u_2 \qquad (2\text{-}27)$$

将在媒质 Ⅰ 中沿正 x 方向传播的入射平面声波表示为

$$p_i = P_i \cos(\omega t - k_1 x)$$

式中

$$k_1 = \omega / c_1$$

当 p_i 入射到 $x=0$ 处的分界面时，在媒质 Ⅰ 中产生沿负 x 方向传播的反射波 p_r 在媒质 Ⅱ 中产生沿正 x 方向传播的透射声波，分别表示为

$$p_r = P_r \cos(\omega t + k_1 x)$$
$$p_t = P_t \cos(\omega t - k_2 x)$$

式中
$$k_2 = \omega / c_2$$

在媒质 Ⅰ 中的声压：

$$p_1 = p_i + p_r = P_i \cos(\omega t - k_1 x) + P_r \cos(\omega t + k_1 x)$$

在媒质 Ⅱ 中仅有透射声波，故

$$p_2 = P_t \cos(\omega t - k_2 x)$$

相应的质点振动速度：

$$u_1 = u_i + u_r$$
$$= \frac{P_i}{\rho_1 c_1} \cos(\omega t - k_1 x) - \frac{P_r}{\rho_1 c_1} \cos(\omega t - k_2 x)$$
$$u_2 = u_t = \frac{P_t}{\rho_2 c_2} \cos(\omega t - k_2 x)$$

在 $x=0$ 界面处，声压连续和质点振动速度连续，故有

$$P_i + P_r = P_t$$

$$\frac{1}{\rho_1 c_1}(P_i - P_r) = \frac{1}{\rho_2 c_2} P_t$$

因此，只要知道入射声波 p_i，就能由上述两式求出反射声波 p_r 和透射声波 p_t。通常，用声压的反射系数 r_p 和透射系数 τ_p 来表述界面处的声波反射、透射特性。由上述两式可以得到：

$$r_p = \frac{P_r}{P_i} = \frac{\rho_2 c_2 - \rho_1 c_1}{\rho_2 c_2 + \rho_1 c_1} \tag{2-28}$$

$$\tau_p = \frac{P_t}{P_i} = \frac{2\rho_2 c_2}{\rho_2 c_2 + \rho_1 c_1} \tag{2-29}$$

同样，可以定义声强的反射系数 r_i 和透射系数 τ_i：

$$r_i = \frac{I_r}{I_i} = \left(\frac{P_r^2}{2\rho_1 c_1}\right) \Big/ \left(\frac{P_i^2}{2\rho_1 c_1}\right) = \left(\frac{P_r}{P_i}\right)^2 = r_p^2 = \left(\frac{\rho_2 c_2 - \rho_1 c_1}{\rho_2 c_2 + \rho_1 c_1}\right)^2$$

$$\tag{2-30}$$

$$\tau_i = \frac{I_t}{I_i} = \frac{P_t^2}{2\rho_2 c_2} \Big/ \frac{P_i^2}{2\rho_1 c_1} = \frac{\rho_1 c_1}{\rho_2 c_2}\left(\frac{P_t}{P_i}\right)^2 = \frac{\rho_1 c_1}{\rho_2 c_2}\tau_p^2 = \frac{4\rho_1 c_1 \rho_2 c_2}{(\rho_2 c_2 + _1 c_1)^2}$$

$$(2\text{-}31)$$

由式(2-30) 可得

$$r_i + \tau_i = 1 \qquad (2\text{-}32)$$

是符合能量守恒定律的。

当 $\rho_1 c_1 < \rho_2 c_2$ 时，媒质Ⅱ比媒质Ⅰ"硬"些。若 $\rho_1 c_1 \ll \rho_2 c_2$，则有 $r_p \approx 1$，$\tau_p \approx 2$ 和 $r_i \approx 1$，$\tau_i \approx 0$ 空气中的声波入射到空气与水的界面上或空气与坚实墙面的界面上时，就相当于这种情况。媒质Ⅱ相当于刚性反射体。在界面上入射声压与反射声压大小相等，且相位相同，总的声压达到极大，近等于 $2p_i$，而质点速度为零。这样在媒质Ⅰ中形成声驻波，在媒质Ⅱ中只有压强的静态传递，并不产生疏密交替的透射声波。

反之，当 $\rho_1 c_1 > \rho_2 c_2$ 时，称为"软"边界，若 $\rho_1 c_1 \gg \rho_2 c_2$，则有 $r_p = 1$，$\tau_p \approx 0$ 和 $r_i \approx 1$，$\tau_i \approx 0$，这样在媒质Ⅰ中，入射声压与反射声压在界面处，大小相等、相位相反，总声压达到极小，近等于零，而质点速度达到极大，在媒质Ⅰ中也产生驻波声场。这时在媒质Ⅱ中也没有透射声波。

二、斜入射声波的入射、反射和折射

当平面声波垂直入射于两媒质的界面时，情况更为复杂，如图 2-7 所示，入射声波 p_i 与界面法向成 θ_i 角入射到界面上，这时反射波 p_r 与法向成 θ_r 角，在第二个媒质中，透射声波 p_t，与法向成 θ_t 角，透射声波与入射声波不再保持同一传播方向，形成声波的折射。

这时，入射声波、反射声波与折射声波的传播方向应满足 Snell 定律，即

$$\frac{\sin\theta_i}{c_1} = \frac{\sin\theta_r}{c_1} = \frac{\sin\theta_t}{c_2} \qquad (2\text{-}33)$$

式(2-33) 也可以写成反射定律：入

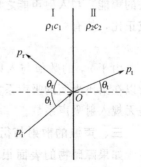

图 2-7　声波的折射

射角等于反射角

$$\theta_i = \theta_r$$

折射定律：入射角的正弦与折射角的正弦之比等于两种媒质中的声速之比

$$\frac{\sin\theta_i}{\sin\theta_r} = \frac{c_1}{c_2} \qquad (2\text{-}34)$$

这表明若两种媒质的声速不同，声波传入媒质Ⅱ时方向就要改变。当 $c_2 > c_1$ 时会存在某个 θ_i 值，$\theta_{ie} = \arcsin(c_1/c_2)$ 使得 $\theta_t = \pi/2$。即当声波以大于 θ_{ie} 的入射角入射时，声波不能进入媒质Ⅱ中从而形成声波的全反射。

关于入射声波、反射声波及折射声波之间振幅的关系，仍可根据界面上的边界条件求得。在边界面上，两边的声压与法向质点速度（即垂直于界面的质点速度分量）应连续，即

$$p_i + p_r = p_t$$
$$u_i\cos\theta_i + u_r\cos\theta_r = u_t\cos\theta_t$$

于是，可以得到：

$$r_p = \frac{p_r}{p_i} = \frac{\rho_2 c_2 \cos\theta_i - \rho_1 c_1 \cos\theta_t}{\rho_2 c_2 \cos\theta_i + \rho_1 c_1 \cos\theta_t} \qquad (2\text{-}35\text{a})$$

$$\tau_p = \frac{p_t}{p_i} = \frac{2\rho_2 c_2 \cos\theta_i}{\rho_2 c_2 \cos\theta_i + \rho_1 c_1 \cos\theta_t} \qquad (2\text{-}35\text{b})$$

通常，将入射声波在界面上失去的声能（包括透射到媒质Ⅱ中去的声能）与入射声能之比称为吸声系数 α。由于能量与声压平方成正比，故有

$$\alpha = 1 - |r_p|^2 \qquad (2\text{-}36)$$

由于 r_p 的数值与入射方向有关，因此 α 也与入射方向有关。所以在给出界面的吸声系数时，需要注明是垂直入射吸声系数，还是无规入射吸声系数。

三、声波的散射与衍射

如果障碍物的表面很粗糙（也就是表面的起伏程度与波长相当），或者障碍物的大小与波长差不多，入射声波就会向各个方向

22

散射。这时障碍物周围的声场是由入射声波和散射声波叠加而成的。

散射波的图形十分复杂，既与障碍物的形状有关，又与入射声波的频率（即波长与障碍物大小之比）密切相关。一个简单的例子，障碍物是一个半径为 r 的刚性圆球，平面声波自左向右入射。它的散射波声强的指向性分布如图 2-8 所示。当波长很长时，散射声波的功率与波长的四次方成反比，散射波很弱，而且大部分均匀分布在对着入射的方向。当频率增加，波长变短，指向性分布图形变得复杂起来。继续增加频率至极限情况时，散射波能量的一半集中于入射波的前进方向，而另一半比较均匀地散布在其他方向，形成如图 2-8 的图形（心脏形，再加上正前方的主瓣）。

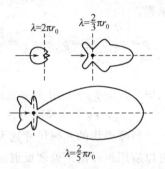

图 2-8 刚性圆球的散射波声强的指向性分布

由于总声场是由入射声波与散射声波叠加而成的，因此对于低频情况，在障碍物背面散射波很弱，总声场基本上等于入射声波，即入射声波能够绕过障碍物传到其背面形成声波的衍射。声波的衍射现象不仅在障碍物比波长小时存在，即使障碍物很大，在障碍物边缘也会出现声波衍射。波长越长，这种现象就越明显。例如，路边的声屏障不能将声音（特别是低频声）完全隔绝就是由于声波的衍射效应。

四、声像

当声波频率较高，传播途径中遇到的物体的几何尺寸相对声波波长大很多时，常可暂时抛开声波的波动特性，直接用声线来讨论声传

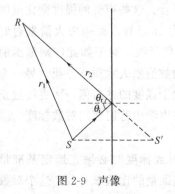

图 2-9 声像

播问题，这与几何光学中用光线来处理问题十分相似。如图 2-9 所示，一个点声源 S 位于一个相当大的墙面附近，在空间 R 点的总声压为两者的叠加。若将墙面看成无限大的刚性壁面，对入射声波做完全的刚性反射。反射波就可看成从一个虚声源 S' 发出的。刚性壁面的作用等效于产生一个虚声源，好像光线在镜面的反射一样，称为镜像原理。虚声源 S' 称为声源 S 的声像。在 R 点接收到的声波可由点声源 S 发出的球面波和虚声源 S' 发出的球面波之和求得：

$$p = p_d + p_r = p_S + p_{S'} = \frac{P_0}{r_1}\cos(\omega t - kr_1) + \frac{P_0}{r_2}\cos(\omega t - kr_2)$$

(2-37)

式中　p_d，p_r——分别为直达声和反射声的声压；

　　　r_1，r_2——分别为 S 和 S' 到 R 点的距离。

当障碍物的几何尺寸远大于声波波长时，即对于高频声波，就可以应用声像法来处理反射问题。尤其是对一些不规则的反射面用波动方法难以处理，而用声像方法却很简单。当反射面不是刚性界面时仍可引入虚声源 S'，只是虚声源 S' 的强度不等于实际声源 S 的强度，而需乘以反射系数 r_p。

第五节　级的概念

日常生活中会遇到强弱不同的声音。这些声音的强度变化范围相当宽，人们正常说话的声功率约为 10^{-5} W，而强力火箭发射时的声功率高达 10^9 W，两者相差 10^{14} 数量级。对于如此广阔范围的能量变化，直接使用声功率和声压的数值来表示很不方便。另一方面，人耳对声音强度的感觉并不正比于强度的绝对值，而更接近正比于其对数值。由于这两个原因，在声学中普遍使用对数标度。

一、分贝的定义

由于对数是无量纲的，因此用对数标度时必须先选定基准量（或称参考量），然后对被量度量与基准量的比值求对数，这个对数值称为被量度量的"级"，如果所取对数是以 10 为底，则级的单位为贝尔（B）。由于贝尔的单位过大，故常将 1 贝尔分为 10 挡，每一挡的单位称为分贝（dB）。如果所取对数是以 e＝2.71828 为底，则级的单位称为奈培（Np）。奈培与分贝的相互关系：1Np＝8.68dB

二、声压级、声强级和声功率级

1. 声压级

声压级常用 L_P 表示，定义为

$$L_P = 10\lg\frac{p^2}{p_0^2} = 20\lg\frac{p}{p_0}(\text{dB}) \qquad (2\text{-}38)$$

式中 p——被量度的声压的有效值；

p_0——基准声压。

在空气中规定 $p_0 = 20\mu\text{Pa}$，即为正常青年人耳朵刚能听到的 1000Hz 纯音的声压值。人耳的感觉特性，从刚能听到的 2×10^{-5} Pa 到引起疼痛的 20Pa，两者相差 100 万倍。用声压级来表示其变化范围为 0～120dB。一般人耳对声音强弱的分辨能力约为 0.5dB。

2. 声强级

声强级常用 L_I 表示，定义为

$$L_I = 10\lg\frac{I}{I_0}(\text{dB}) \qquad (2\text{-}39)$$

式中 I——被量度的声强；

I_0——基准声强。

在空气中，基准声强 I_0 取为 10^{-12}W/m^2。对于空气中的平面声波，$I = \dfrac{p^2}{\rho c}$

则有

$$L_I = 10\lg\frac{I}{I_0} = 10\lg\left(\frac{p^2}{\rho c}\right)\Big/I_0 = 10\lg\frac{p^2}{p_0^2} + 10\lg\frac{p_0^2}{\rho c I_0}$$

$$= L_P + 10\lg\frac{400}{\rho c} = L_P + \Delta L_P$$

在一个大气压下，38.9℃空气的 $\rho c = 400\text{Pa}\cdot\text{s/m}$。因此，在这个条件下对于空气中传播的平面声波有：$L_I = L_p$。在一般情况下，

ΔL 的值是很小的，例如，在一个大气压下，0℃空气的 $\rho c = 428\mathrm{Pa} \cdot \mathrm{s/m}$，$\Delta L = -0.29\mathrm{dB}$，20℃ 空气 的 $\rho c = 415\mathrm{Pa} \cdot \mathrm{s/m}$，$\Delta L = -0.16\mathrm{dB}$。因此，对于空气中的平面声波，一般可以认为 $L_I \approx L_P$。

3. 声功率级

声功率级常用 L_W 表示，定义为

$$L_W = 10\lg\frac{W}{W_0}(\mathrm{dB}) \tag{2-40}$$

式中　W——被量度的声功率的平均值，对于空气媒质，基准声功率 $W_0 = 10^{-12}\mathrm{W}$。

考虑到声强与声功率之间的关系：

$$I = W/S$$

式中　S——垂直声传播方向的面积。则有

$$L_I = 10\lg\left(\frac{W}{S}\frac{1}{I_0}\right) = 10\lg\left[\frac{W}{W_0}\frac{W_0}{I_0}\frac{1}{S}\right](\mathrm{dB})$$

将 $W_0 = 10^{-12}\mathrm{W}$、$I_0 = 10^{-12}\mathrm{W/m}$ 代入便得：

$$L_I = L_W - 10\lg S \tag{2-41}$$

对于确定的声源，其声功率是不变的。但是，空间各处的声压级和声强级是会变化的。例如，由点声源发出的球面波，在离源点 r 处，球面面积 $S = 4\pi r^2$，所以有

$$I = \frac{W}{4\pi r^2}$$

$$L_I = L_W - 10\lg(4\pi r^2) = L_W - 20\lg r - 11(\mathrm{dB}) \tag{2-42}$$

这就是说，对于恒定声功率的点声源发出的球面波，在离开声源不同距离 r 处声强级是不同的。在自由声场中，距离 r 增加 1 倍，声强级减小 6dB。当距离足够远时，就可将球面波近似看成为平面波，有 $L_P \approx L_I$。

三、级的叠加

由于级是对数量度，因此在求几个声源的共同效果时，不能简单地将各自产生的声压级数值算术相加，而是需要进行能量叠加。对于互不相干的多个噪声源，它们之间不会发生干涉现象。这时，空间某处的总声压 P_T 由下式求得：

$$P_T^2 = p_1^2 + p_2^2 + \cdots + p_n^2$$

式中的声压是指有效值。现以 $n=2$ 的情况为例，根据定义：

$$L_{p_1} = 20 \lg \frac{p_1}{p_0}$$

$$L_{p_2} = 20 \lg \frac{p_2}{p_0}$$

对其求逆运算有

$$p_1^2 = 10^{0.1 L_{p_1}}$$

$$p_2^2 = 10^{0.1 L_{p_2}}$$

这样得到总声压：

$$P_T^2 = p_1^2 + p_2^2 = 10^{0.1 L_{p_1}} + 10^{0.1 L_{p_2}}$$

总声压级为

$$L_{P_T} = 10 \lg \frac{p_T^2}{p_0^2} = 10 \lg [10^{0.1 L_{p_1}} + 10^{0.1 L_{p_2}}] (\text{dB}) \quad (2\text{-}43a)$$

对应 n 个声源的一般情况表：

$$L_{P_T} = 10 \lg \left(\sum_{i=1}^{n} 10^{0.1 L_{p_1}} \right) (\text{dB}) \quad (2\text{-}43b)$$

例如将 $L_{p_1} = 80\text{dB}$，代入式（2-43a）中，便得到总声压级 $L_{P_T} = 83\text{dB}$，其结果表明两个相同声压级的叠加增加 3dB，而不是增加 1 倍。

式（2-43）也可从两个压级 L_{p_1} 和 L_{p_2} 的差值 $\Delta L_p = L_{p_1} - L_{p_2}$（假定 $L_{p_1} > L_{p_2}$）求出全成的声压级。因为 $L_{p_2} = L_{p_1} - \Delta L_p$ 则有

$$L_{P_T} = 10 \lg [10^{0.1 L_{p_1}} + 10^{0.1(L_{p_1} - \Delta L_p)}] = L_{p_1} + 10 \lg [1 + 10^{-0.1 \Delta L_p}]$$
$$= L_{p_1} + \Delta L' \quad (2\text{-}44)$$

式（2-44）还可绘成图 2-10 的分贝相加曲线。从而直接在曲线中查出两声压级叠加时的总声压级。例如，$\Delta L_p = L_{p_1} - L_{p_2} = 1.5\text{dB}$，由曲线查得 $\Delta L' = 2.2\text{dB}$。即总声压级比第一声压级上 L_{p_1} 高出 2.2dB。如果 L_{p_1} 比 L_{p_2} 高出 10dB 以上，L_{p_2} 对总声压级的贡献将可忽略，总声压级近似等于 L_{p_1}。

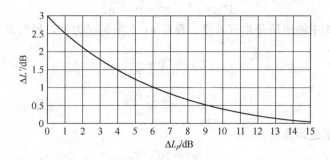

图 2-10　分贝相加曲线

需要注意的是，如果两个声源相关，它们发出的声波会发生干涉。这时应先由式(2-20)求出瞬时声压，再由瞬时声压求出总声压的有效值 P_T^2，最后根据定义求出总声压级 L_{P_T}。

四、级的"相减"

在噪声测量时往往会受到外界噪声的干扰，例如，存在测试环境的背景噪声（或称本底噪声），这时用仪器测得某机器运行时的声级是包括背景噪声在内的总声压级 L_{PT}。那么就需要从总声压级中扣除机器停止运行时的背景噪声声压级 L_{PB}，得到机器的真实噪声声压级 L_{PS} 就是级的"相减"。

由式(2-43a)知

$$L_{PT} = 10\lg[10^{0.1L_{PB}} + 10^{0.1L_{PS}}](dB)$$

因此，被测机器的声压级为

$$L_{PS} = 10\lg[10^{0.1L_{PT}} - 10^{0.1L_{PB}}](dB) \tag{2-45}$$

可见，级的"相减"实际上是声能量相减，而不是简单的分贝值算术相减。同样，可以令总声压 L_{PT} 与背景噪声声压级 L_{PB} 的差值为：$\Delta L_{PB} = L_{PT} - L_{PB}$，则求得差值：

$$\Delta L_{PS} = L_{PT} - L_{PS} = -10\lg[1 - 10^{0.1\Delta L_{PB}}](dB) \tag{2-46}$$

式(2-46)也可绘成类似图 2-10 的分贝相减曲线。由 L_{PT} 和 L_{PB} 的差值 ΔL_{PB} 查出修正值 ΔL_{PS}。

级的相加和"相减"的实质是声能量的加减。因此，相应的公式不仅适用于声压级的运算，同样也适用于声强级和声功率级的运算。

第六节　声波在传播中的衰减

声在传播过程中将产生反射、折射和衍射等现象，并在传播过程中引起衰减。这些衰减通常包括声能随距离的发散传播引起的衰减 A_d，空气吸收引起的衰减 A_a，地面吸收引起的衰减 A_g，屏障引起的衰减 A_b 和气象条件引起的衰减 A_m 等。总的衰减值 A 则是各种衰减的总和：

$$A = A_d + A_a + A_g + A_b + A_m \qquad (2\text{-}47)$$

一、随距离的发散衰减

声波从声源向周围空间传播时会产生发散，最简单的情况是假设以声源为中心的球面对称地向各个方向辐射声能。对于这种无指向性的声波，声强 I 和声功率 W 之间存在简单关系：

$$I = \frac{W}{4\pi r^2}$$

式中　r——接收点与声源间的距离。

当声源放置在刚性地面上时，声音只能向半空间辐射，半径为 r 的半球面面积为 $2\pi r^2$，因此对半空间接收点

$$I = \frac{W}{2\pi r^2}$$

可见，在自由声场中，当声功率不变，则声强与距离的平方成反比的规律减小。

若用声压级来表示，可得 r 处的声压：

全空间　　　　$L_p = L_w - 20\lg r - 11 (\text{dB})$ 　　　　$(2\text{-}48)$

半空间　　　　$L_p = L_w - 20\lg r - 8 (\text{dB})$ 　　　　$(2\text{-}49)$

因此，从 r_1 处传播到 r_2 的发散衰减：

$$A_d = 20\lg \frac{r_2}{r_1} \qquad (2\text{-}50)$$

在实际情况中，还应考虑声辐射的指向性。此外应将公路上排

列成串的车辆或长列火车等声源看成线声源。将厂房的大面积墙面和大型机器的振动外壳等看成面声源。

二、空气吸收的附加衰减

声波在空气中传播时，因空气的黏滞性和热传导，在压缩和膨胀过程中，使一部分声能转化为热能而损耗，称为空气吸收。这种吸收称为经典吸收。此外，声波在媒质中传播时，还存在分子弛豫吸收。所谓弛豫吸收是指空气分子转动或振动时存在固有频率，当声波的频率接近这些频率时要发生能量交换。能量交换的过程都有滞后现象，这种现象称为弛豫吸收。它能使声速改变，声能被吸收。

可以采用下面的半经验公式来估算空气吸收衰减。在 20℃时：

$$A_a = 7.4 \frac{f^2 d}{\phi} \times 10^{-8} (\text{dB}) \tag{2-51}$$

式中 f——声波频率，Hz；

d——传播距离，m；

ϕ——相对湿度。

对不同的温度，可用下式估计：

$$A_a(T, \phi) = \frac{A_a(20℃, \phi)}{1 + \beta \Delta T f} (\text{dB}) \tag{2-52}$$

式中 ΔT——与 20℃相差的摄氏温度；

$\beta = 4 \times 10^{-6}$。

空气吸收引起的衰减，特别在较低频率时，对温度变化不太敏感。在标准大气压力下声波在空气中的衰减，见表 2-1。

表 2-1 所列数据是比较准确的衰减值，中间值可用插入法求得。但必须注意，对空气衰减影响最大的是湿度。近些年来空气污染也有相当影响，目前尚无可靠数据。

三、地面吸收的附加衰减

当声波沿地面长距离传播时，会受到各种复杂的地面条件的影响。开阔的平地、大片的草地、灌木树丛、丘陵、河谷等均会对声波传播产生附加衰减。

表 2-1　标准大气压力下空气中的声衰减/dB

温度/℃	湿度/%	频率/Hz					
		125	250	500	1000	2000	4000
30	10	0.09	0.19	0.35	0.82	2.60	8.80
	20	0.06	0.18	0.37	0.64	1.39	4.19
	30	0.04	0.15	0.38	0.68	1.20	3.01
	50	0.03	0.10	0.33	0.75	1.30	2.53
	70	0.02	0.10	0.27	0.74	1.41	2.25
	90	0.02	0.06	0.24	0.70	1.50	2.06
20	10	0.08	0.15	0.38	1.21	4.09	10.92
	20	0.07	0.15	0.27	0.62	1.86	6.70
	30	0.05	0.14	0.27	0.51	1.29	4.12
	50	0.04	0.12	0.28	0.50	1.04	2.62
	70	0.03	0.10	0.27	0.54	0.96	2.31
	90	0.02	0.08	0.26	0.56	0.99	2.14
10	10	0.07	0.19	0.61	1.99	4.50	7.01
	20	0.06	0.11	0.29	0.94	3.02	9.09
	30	0.05	0.11	0.22	0.61	2.10	7.02
	50	0.04	0.11	0.21	0.41	1.17	4.20
	70	0.04	0.10	0.20	0.38	0.92	2.76
	90	0.03	0.10	0.21	0.38	0.81	2.28
0	10	0.10	0.30	0.89	1.81	2.30	2.61
	20	0.05	0.15	0.50	1.48	3.78	5.79
	30	0.04	0.10	0.31	1.08	3.23	7.48
	50	0.04	0.08	0.19	0.60	2.11	6.70
	70	0.04	0.08	0.16	0.42	1.40	5.12
	90	0.03	0.08	0.15	0.36	1.03	4.10

　　当地面是非刚性表面时，地面吸收将会对声传播产生附加衰减，但短距离（30～50m）其衰减可忽略，而在 70m 以上应予以考虑。

　　声波在厚的草地上面或穿过灌木丛传播时，频率为 1000Hz 的附加衰减较大，可高达 25dB/100m。附加衰减量的近似计算公式为

$$A_{g1} = (0.18 \lg f - 0.31) d \, (\text{dB}) \tag{2-53}$$

式中　f——频率，Hz；

d——传播距离，m。

声波穿过树木或森林的声衰减实验表明，不同树林的衰减相差很大，从浓密的常绿树树冠 1000Hz 时有 23dB/m 的衰减，到地面上稀疏的树干只有 3dB/100m 甚至更小的附加衰减。各种树林平均的附加衰减，大致为

$$A_{g2} = 0.01 f^{1/3} d \, (\text{dB}) \tag{2-54}$$

四、声屏障衰减

当声源与接收点之间存在密实材料形成的障碍物时会产生显著的附加衰减。这样的障碍物称为声屏障。声屏障可以是专门建造的墙或板，也可以是道路两旁的建筑物或低凹路面两侧的路堤等。

声波遇到屏障时会产生反射、透射和衍射三种传播现象。屏障的作用就是阻止直达声的传播，隔绝透射声，并使衍射声有足够的衰减。

声屏障的附加衰减与声源及接收点相对屏障的位置、屏障的高度及结构，以及声波的频率密切相关。一般而言，屏障越高，声源及接收点离屏障越近，声波频率越高，声屏障的附加衰减越大。

五、气象条件对声传播的影响

雨、雪、雾等对声波的散射会引起声能的衰减。但这种因数引起的衰减量很小，大约每 1000m 衰减不到 0.5dB，因此可以忽略不计。

风和温度梯度对声波传播的影响很大。由于地面对运动空气的摩擦，使靠近地面的风有一个梯度，从而使顺风和逆风传播的声速也有一个梯度。声速与温度有关。在晴天阳光照射下的午后，在地面上方有显著的温度负梯度，使声速随高度的增加而减小，在夜间则相反。

风速梯度和温度梯度使地面上的声速分布发生变化，从而使声波沿地面传播时发生折射。当声波发生向上偏的折射时，就可能出现"声影区"，即因折射而传播不到直达声的区域，声影区出现在上风的方向，同时也可以解释晴天日间声波沿地面传播不远，而夜间可以传播很远的现象。图 2-11 是风速梯度引起的声波折射，图 2-12 是温度梯度对声波的折射。这些都是定性的说明。

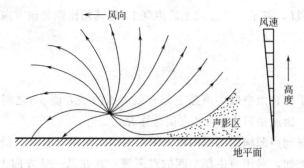

图 2-11　风速梯度对声波的折射

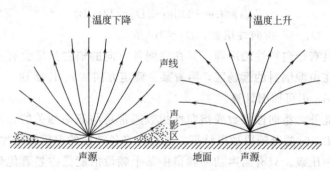

图 2-12　温度梯度对声波的折射

第七节　声源的指向性

声场中的声压大小、空间分布、时间特性、频率特性等都与声源的辐射性质密切相关。实际声源辐射的声波情况均很复杂，要详细地定量描述声场中声压与声源辐射特性之间的关系甚为困难。一般把声源分成点声源、线声源、面声源几种理想情况。

声源在自由空间中辐射声波时，其强度分布的一个主要特性是指向性。例如，飞机在空中飞行时，在它的前后、左右、上下各个方向等距离处测得的声压级是不相同的。

常用指向性因数 R_θ 来表征声源的指向性。它的定义是：在离声源中心相同距离处，测量球面上各点的声强，求得所有方向上的平均声强$\overline{I}$，将某一θ方向上的声强I_θ与其相比就是该方向的指向性因数：

$$R_\theta = \frac{I_\theta}{\overline{I}} \qquad\qquad (2\text{-}55)$$

由于在自由空间中声强I与有效声压的平方值p^2之间存在对应关系。因此也可由p^2来直接计算R_θ。

考虑到声源辐射的指向性，需要对声压级的计算公式进行适当修正，例如，对于自由场空间的点声源，其在某一θ方向上距离r处的声压级：

$$L_{p\theta} = L_W - 20\lg r + D_1 - 11(\text{dB}) \qquad (2\text{-}56)$$

式中 D_1——指向性指数，$D_1 = 10\lg R_\theta$。

具有指向特性的声源，其在空间各方向的辐射强度会有不同。但是在声源辐射的远场区，沿着某一确定方向从r_1传播到r_2时的衰减A_d仍可照旧计算。

此外，指向性因数或指向性指数通常是与频率相关的。因此，计算$L_{p\theta}$时要分频段加以计算，然后再将各频段的声压级相加求出总的声压级。只有当声功率频谱中某个频段的能量占显著优势时，才可以用该频段的指向性来代表声源在整个频带中的指向性。

习　题

1. 真空中能否传播声波？为什么？

2. 可听声的频率范围为 $20 \sim 20000\,\text{Hz}$，试求出 $500\,\text{Hz}$，$5000\,\text{Hz}$，$10000\,\text{Hz}$ 的声波波长。

3. 频率为 $500\,\text{Hz}$ 的声波，在空气中、水中和钢中的波长分别为多少？

（已知空气中的声速是 $340\,\text{m/s}$，水中是 $1483\,\text{m/s}$，钢中是 $6100\,\text{m/s}$）

4. 试问在夏天 $40\,^\circ\!\text{C}$ 时空气中的声速比冬天 $0\,^\circ\!\text{C}$ 时快多少？在这两种温度情况下 $1000\,\text{Hz}$ 声波的波长分别是多少？

5. 设在媒质中有一无限大平面沿法向作简谐振动，$u = u_0 \cos \omega t$，试求当 $u_0 = 1.0 \times 10^{-4} \text{m/s}$ 时，其在空气中和水中产生的声压。

（已知空气的 $\rho = 1.21 \text{kg/m}^3$，$c = 340 \text{m/s}$. 水的 $\rho = 998 \text{kg/m}^3$，$c = 1483 \text{m/s}$）

6. 在空气中离点声源 2m 距离处测得声压 $P = 0.6 \text{Pa}$，求此处的声强 I、质点振速 U、声能密度 D 和声源的声功率 W 各是多少？

7. 两列频率相同、声压幅值相等的平面声波，在媒质中沿相反方向传播：$p_1 = P_A \cos(\omega t - kt)$、$p_2 = P_A \cos(\omega t + kx)$，试求两列声波形成的驻波声场的总声压及波腹和波节出现的位置。

8. 已知两列声脉冲到达人耳的时间间隔大于 50ms，人耳听觉上才可区别开这两个声脉冲，试问人离开高墙至少多远才能分辨出自己讲话的回声？

9. 计算平面声波由空气垂直入射于水面时反射声的大小及声强透射系数，如果 $\theta_i = 30°$ 斜入射时，试问折射角多大？在何种情况下会产生全反射，入射临界角 θ_{ie} 是多少？

（已知空气的 $\rho = 1.21 \text{kg/m}^3$，$c = 340 \text{m/s}$. 水的 $\rho = 998 \text{kg/m}^3$，$c = 1483 \text{m/s}$）

10. 噪声的声压分别为 2.97Pa、0.332Pa、0.07Pa、$2.7 \times 10^{-5} \text{Pa}$，问它们的声压级各为多少分贝？

11. 三个声音各自在空间某点的声压级为 70dB、75dB 和 65dB，求该点的总声压级。

12. 在车间内测量某机器的噪声，在机器运转时测得声压级为 87dB，该机器停止运转时的背景噪声为 79dB，求被测机器的噪声级。

13. 在半自由声场空间中离点声源 2m 处测得声压级的平均值为 85dB。①求其声功率级和声功率；②求距声源 10m 远处的声压级。

14. 一点声源在气温 30℃、相对湿度 70% 的自由声场中辐射噪声，已知距声源 20m 处，500Hz 和 4000Hz 的声压级均为 90dB，求在 100m 和 1000m 两频率的声压级。

第三章 噪声的评价和标准

噪声对人的危害和影响包括各个方面。噪声评价的目的是为了有效地提出适合于人们对噪声反应的主观评价量。由于噪声变化特性的差异以及人们对噪声主观反应的复杂性，使得对噪声的评价较为复杂。多年来各国学者对噪声的危害和影响程度进行了大量研究，提出了各种评价指标和方法，期望得出与主观响应相对应的评价量和计算方法，以及所允许的数值和范围。在这方面，大致可概括为：与人耳听觉特征有关的评价量；与心理情绪有关的评价量；与人体健康有关的评价量；与室内人们活动有关的评价量等几方面。以这些评价量为基础，各国都建立了相应的环境噪声标准。这些不同的评价量及标准分别适用于不同的环境、时间、噪声源特征和评价对象。由于环境噪声的复杂性，历来提出的评价量（或指标）很多，迄今已有几十种，在本章中主要介绍一些已被广泛认可和使用比较频繁的一些评价量和相应的噪声标准。

第一节 噪声的评价量

噪声评价量的建立必须考虑到噪声对人们影响的特点。不同频率的声音对人的影响不同，如中高频噪声比低频噪声对人的影响更大，人耳对不同频率的主观反应也不同；噪声涨落对人的影响存在差异，涨落大的噪声及脉冲噪声比稳态噪声更能引起人的烦恼；噪声出现时间的不同对人的影响不一样，同样的噪声出现在夜间比出现在白天对人的影响更明显；同样的声音对不同心理和生理特征的人群反应不同，一些人认为优美的音乐，在另一些人听来却是噪声，休闲时的动听歌曲在你需要休息时会成为烦人的噪声。噪声的评价量就是在研究了人对噪声反应的方方面面的不同特征提出的。

一、等响曲线、响度级和响度

当外界声振动传入耳朵内，在主观感觉上形成听觉上声音强弱的概念。根据前面的介绍，入耳对声振动的响度感觉近似地与其强度的对数成正比。深入的研究表明，人耳对声音的感觉存在许多独特的特性，以至于即使到目前为止，还没有一个人工仪器能达到人耳的奇妙的功能。

人耳能接受的声波的频率范围为 20Hz～20kHz，宽达 10 个倍频程。在人耳听觉范围以外，低于 20Hz 的声波通常称为次声波，而高于 20kHz 的声波通常称为超声波；同时，人耳又具有灵敏度高和动态范围大的特点，一方面，它可以听到小到近于分子大小的微弱振动，另一方面又能正常听到强度比这大 10^{12} 倍的很强的声振动；与大脑相配合，人耳还能从有其他噪声存在的环境中听出某些频率的声音，也就是人的听觉系统具有滤波的功能，这种现象通常称其为"酒会效应"；此外人耳还能判别声音的音色、音调以及声源的方位等。

人对声音的感觉不仅与声振动本身的物理特性有关，而且包含了人耳结构、心理、生理等因素，涉及人的主观感觉。例如，同样一段音乐在你期望聆听时会感觉到悦耳，而在你不想听到时会感觉到烦躁；同样强度不同特点的声音会给你悠闲或危险等截然相反的主观感觉。

人们简单地用"响"与"不响"来描述声波的强度，但这一描述与声波的强度又不完全等同。人耳对声波响度的感觉还与声波的频率有关，即使相同声压级但频率不同的声音，人耳听起来会不一样响。例如，同样是 60dB 的两种声音，但一个声音的频率为 100Hz，而另一个声音为 1000Hz，人耳听起来 1000Hz 的声音要比 100Hz 的声音响。要使频率为 100Hz 的声音听起来和频率为 1000Hz、声压级为 60dB 的声音同样响，则其声压级要达到 67dB。

为了定量地确定声音的轻或响的程度，通常采用响度级这一参量。当某一频率的纯音和 1000Hz 的纯音听起来同样响时，这时 1000Hz 纯音的声压级就定义为该待定声音的响度级。响度级的符

号为 L_N，单位为方（phon）。例如，1000Hz 的纯音的响度级等于其声压级，对于其他频率的声音，通过调节 1000Hz 的纯音的声压级，使它和待定纯音听起来一样响，这时 1000Hz 纯音的声压级就等于该待定声音的响度级。对各个频率的声音作这样的试听比较，得出达到同样响度级时频率与声压级的关系曲线，通常称为等响曲线。图 3-1 是正常听力对比测试所得出的一系列等响曲线，每条曲线上各个频率纯音听起来都一样响，但其声压级则又差别很大。例如，图中 70phon 曲线表示，95dB 的 30Hz 纯音、75dB 的 100Hz 纯音以及 61dB 的 4000Hz 纯音听起来和 70dB 的 1000Hz 纯音一样响。

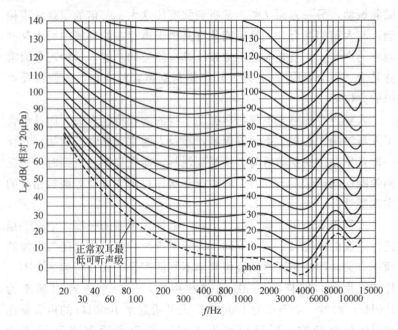

图 3-1 等响曲线

图 3-1 中最下面的一根曲线表示人耳刚能听到的声音，其响度级为零，零方等响曲线称为听阈，一般低于此曲线的声音人耳无法听到；图中最上面的曲线是痛觉的界限，称为痛阈，超过此曲线的

声音，人耳感觉到的是痛觉。在听阈和痛阈之间的声音是人耳的正常可听声范围。从图中可以看出，人耳能感受的声音的能量范围高达 10^{12} 倍，相当于 120dB 的变化范围。

响度级的方值，实质上仍是 1000Hz 声音声压级的分贝值。所不同的是，响度级的方值与其分贝值的差异随频率而变化。响度级仍是一种对数标度单位，并不能线性地表明不同响度级之间主观感觉上的轻响程度，也就是说，声音的响度级为 80phon 并不意味着比 40phon 响一倍。与主观感觉的轻响程度成正比的参量为响度，符号为 N，单位为宋（sone）。其定义为正常听者判断一个声音比响度级为 40 phon 参考声强响的倍数，规定响度级为 40phon 时响度为 1sone。2sone 的声音是 1sone 的 2 倍响，3sone 的声音是 1sone 的 3 倍响。经实验得出，响度级每增加 10phon，响度增加一倍。例如响度级为 50phon 的响度为 2sone，60phon 为 4sone。响度级与响度的关系为

$$L_N = 40 + 10\log_2 N \tag{3-1}$$

$$N = 2^{0.1(L_N-40)} \tag{3-2}$$

二、斯蒂文斯响度

上面讲到仅是简单的纯音响度、响度级与声压级的关系。然而，大多数实际声源产生的声波是宽频带噪声，并且不同的频率噪声之间还会产生掩蔽效应。斯蒂文斯（Stevens）和茨维克（Zwicker）对这种复合声的响度注意了掩蔽效应，得出如图 3-2 所示的等响度指数曲线，对带宽掩蔽效应考虑了计权因素，认为响度指数最大的频带贡献最大，而其他频带由于最大响度指数频带声音的掩蔽，它们对总响度的贡献应乘上一个小于 1 的修正因子，这个修正因子和频带宽度的关系如下。

频带宽度	倍频带	1/2 倍频带	1/3 倍频带
修正因子 F	0.30	0.20	0.15

对复合噪声，响度计算方法如下。

① 测出频带声压级（倍频带或 1/3 倍频带）。

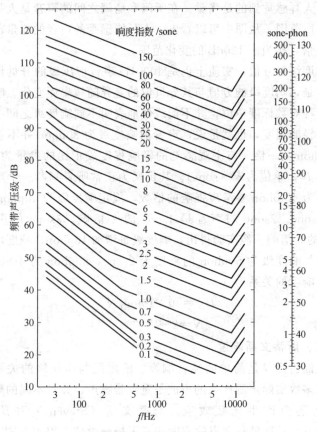

图 3-2　斯蒂文斯等响度指数曲线

② 从图 3-2 上查出各频带声压级对应的响度指数。

③ 找出响度指数中的最大值 S_m，将各频带响度指数总和中扣除最大值 S_m，再乘以相应带宽修正因子 F，最后与 S_m 相加即为复合噪声的响度 S，用数学表达式可表示为

$$S = S_m + F \cdot \left(\sum_{i=1}^{n} S_i - S_m \right) \text{（sone）} \tag{3-3}$$

求出总响度值后，就可以由图 3-2 右侧的列线图求出此复合噪声的响度级值，或可按下式计算得出响度级：

$$P = 40 + 10\log_2 S \text{(phon)} \tag{3-4}$$

【例 3-1】　根据所测得的倍频带声压级求响度及响度级。

中心频率/Hz	63	125	250	500	1000	2000	4000	8000
声压级/dB	76	81	78	71	75	76	81	59
响度指数/sone	5	10	10	8	12	15	25	8

根据所给出的倍频带声压级值，由图 3-2 中查出相应的响度指数如上表最后一行所示，其中最大值为 $S_m = 25$，对于频带宽度为倍频带的测量声级，修正因子 $F = 0.3$，于是由式（3-3）可求得总响度为

$$S = 25 + 0.3 \times (95 - 25) = 45.4\text{sone}$$

根据图 3-2 右侧的列线图或式（3-4），可以得出响度为 45.4sone 的噪声对应的响度级为 95phon。

三、计权声级和计权网络

由等响曲线可以看出，人耳对于不同频率的声波反应的敏感程度是不一样的。人耳对于高频声音，特别是频率在 $1000 \sim 5000\text{Hz}$ 之间的声音比较敏感；而对于低频声音，特别是对 100Hz 以下的声音不敏感。即声压级相同的声音会因为频率的不同而产生不一样的主观感觉。为了使声音的客观量度和人耳的听觉主观感受近似取得一致，通常对不同频率声音的声压级经某一特定的加权修正后，再叠加计算可得到噪声总的声压级，此声压级称为计权声级。

计权网络是近似以人耳对纯音的响度级频率特性而设计的，通常采用的有 A、B、C、D 四种计权网络。图 3-3 所示的是国际电工委员会（IEC）规定的四种计权网络的频率响应的相对声压级曲线。其中 A 计权网络相当于 40phon 等响曲线的倒置；B 计权网络相当于 70phon 等响曲线的倒置；C 计权网络相当于 100phon 等响曲线的倒置。B、C 计权已较少被采用，D 计权网络常用于航空噪声的测量。A 计权的频率响应与人耳对宽频带的声音的灵敏度相当，目前 A 计权已被所有管理机构和工业部门的管理条例所普遍

采用，成为最广泛应用的评价参量。表3-1列出了A计权响应与频率的关系。由噪声各频带的声压级和对应频带的A计权修正值，就可计算出噪声的A计权声级。

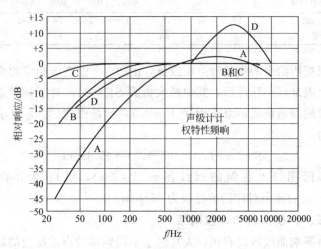

图 3-3　计权网络频率特性

表 3-1　A 计权响应与频率的关系（按 1/3 倍频程中心频率）

频率/Hz	A 计权修正/dB	频率/Hz	A 计权修正/dB
20	−50.5	630	−1.9
25	−44.7	800	−0.8
31.5	−39.4	1000	0
40	−34.6	1250	+0.6
50	−30.2	1600	+1.0
63	−26.2	2000	+1.2
80	−22.5	2500	+1.3
100	−19.1	3150	+1.2
125	−16.1	4000	+1.0
160	−13.4	5000	+0.5
200	−10.9	6300	−0.1
250	−8.6	8000	−1.1
315	−6.6	10000	−2.5
400	−4.8	12500	−4.3
500	−3.2	16000	−6.6

【例 3-2】 从倍频带声级计算 A 计权声级。

中心频率/Hz	31.5	63	125	250	500	1000	2000	4000	8000
频带声压级/dB	60	65	73	76	85	80	78	62	60
A 计权修正值	−39.4	−26.2	−16.1	−8.6	−3.2	0	+1.2	+1.0	−1.1
修正后频带声级/dB	20.6	38.8	56.9	67.4	81.8	80	79.2	63.0	58.9
各声级叠加/dB	略	略	略	略	84.0		79.2	略	略
总的 A 计权声级/dB	85.2								

四、等效连续 A 声级和昼夜等效声级

前面讲到的 A 计权声级对于稳态的宽频带噪声是一种较好的评价方法，但对于一个声级起伏或不连续的噪声，A 计权声级就很难确切地反映噪声的状况。例如，交通噪声的声级是随时间变化的，当有车辆通过时，噪声可能达到 85～90dB，而当没有车辆通过时，噪声可能仅有 55～60dB，并且噪声的声级还会随车流量、汽车类型等的变化而改变，这时就很难说交通噪声的 A 计权声级是多少分贝。又例如，两台同样的机器，一台连续工作，而另一台间断性地工作，其工作时辐射的噪声级是相同的，但两台机器噪声对人的总体影响是不一样的。对于这种声级起伏或不连续的噪声，采用噪声能量按时间平均的方法来评价噪声对人的影响更为确切，为此提出了等效连续 A 声级评价参量。等效连续 A 声级又称等能量 A 计权声级，它等效于在相同的时间间隔 T 内与不稳定噪声能量相等的连续稳定噪声的 A 声级，其符号为 $L_{Aeq,T}$ 或 L_{eq}，数学表达式为

$$L_{eq} = 10\lg\left[\frac{1}{t_2-t_1}\int_{t_1}^{t_2}\left(\frac{p_A^2(t)}{p_0^2}\right)dt\right] \text{(dB)} \tag{3-5}$$

或

$$L_{eq} = 10\lg\left[\frac{1}{t_2-t_1}\int_{t_1}^{t_2}10^{0.1L_{pA}(t)}dt\right] \text{(dB)} \tag{3-6}$$

式中　$p_A(t)$——噪声信号瞬时 A 计权声压，Pa；

　　　　p_0——基准声压，Pa；

　　　　t_2-t_1——测量时段 T 的间隔，s；

$L_{pA}(t)$——噪声信号瞬时 A 计权声压级，dB。

如果测量是在同样的采样时间间隔下，测试得到一系列 A 声级数据的序列，则测量时段内的等效连续 A 声级也可通过以下表达式计算：

$$L_{eq} = 10\lg\left[\frac{1}{T}\sum_{i=1}^{N}10^{0.1L_{Ai}}\tau_i\right] \ (dB) \tag{3-7}$$

或

$$L_{eq} = 10\lg\left[\frac{1}{N}\sum_{i=1}^{N}10^{0.1L_{Ai}}\right] \ (dB) \tag{3-8}$$

式中　T——总的测量时段，s；

　　L_{Ai}——第 i 个 A 计权声级，dB；

　　τ_i——采样间隔时间，s；

　　N——测试数据个数。

从等效连续 A 声级的定义中不难看出，对于连续的稳态噪声，等效连续 A 声级即等于所测得的 A 计权声级。等效连续 A 声级由于较为简单，易于理解，而且又与人的主观反应有较好的相关性，因而已成为许多国际国内标准所采用的评价量。

由于同样的噪声在白天和夜间对人的影响是不一样的，而等效连续 A 声级评价量并不能反映人对噪声主观反应的这一特点。为了考虑噪声在夜间对人们烦恼的增加，规定在夜间测得的所有声级均加上 10dB（A 计权）作为修正值，再计算昼夜噪声能量的加权平均，由此构成昼夜等效声级这一评价参量，用符号 L_{dn} 表示。昼夜等效声级主要预计人们昼夜长期暴露在噪声环境中所受的影响。

由上述规定，昼夜等效声级 L_{dn} 可表示为

$$L_{dn} = 10\lg\left[\frac{2}{3}\times10^{0.1L_d} + \frac{1}{3}\times10^{0.1(L_n+10)}\right] \ (dB) \tag{3-9}$$

式中　L_d——昼间（06:00～22:00）测得的噪声能量平均 A 声级 L_{eq}，dB；

　　L_n——夜间（22:00～次日 06:00）测得的噪声能量平均 A 声级 L_{eq}，dB。

根据《中华人民共和国环境噪声污染防治法》，6:00～22:00为昼间，22:00～次日6:00为夜间，但由于我国幅员辽阔，各地习惯有较大差异，因此规定昼间和夜间的时间由当地县级以上人民政府按当地习惯和季节变化划定。

正因为这种昼、夜时间的规定不同，式（3-9）会略有不同，如最初提出时其公式为：$L_{dn} = 10\lg\left[\dfrac{5}{8} \times 10^{0.1L_d} + \dfrac{3}{8} \times 10^{0.1(L_n+10)}\right]$，该公式对应的昼夜时间划分为：昼间（07:00～22:00），夜间（22:00～次日07:00）。

昼夜等效声级可用来作为几乎包含各种噪声的城市噪声全天候的单值评价量。自美国环境保护局 1974 年 6 月发布以来，等效连续 A 声级 L_{eq} 和昼夜等效声级 L_{dn} 逐步代替了以前一些其他评价参量，成为各国普遍采用的环境噪声评价量。

五、累计百分数声级

在现实生活中经常碰到的是非稳态噪声，上面介绍了可以采用等效连续 A 声级 L_{Aeq} 来反映对人影响的大小，但噪声的随机起伏程度却没有表达出来。这种起伏可以用噪声出现的时间概率或累计概率来表示，目前采用的评价量为累计百分数声级 L_n。它表示在测量时间内高于 L_n 声级所占的时间为 $n\%$。例如，L_{10}=70dB（A 计权，以下所讲 dB 皆为 A 计权），表示在整个测量时间内，噪声级高于 70dB 的时间占 10%，其余 90% 的时间内噪声级均低于 70dB；同样，L_{90}=50dB 表示在整个测量时间内，噪声级高于 50dB 的时间占 90%。对于同一测量时段内的噪声级，按从大到小的顺序进行排列，就可以清楚地看出噪声涨落的变化程度。

通常认为，L_{90} 相当于本底噪声级，L_{50} 相当于中值噪声级，L_{10} 相当于峰值噪声级。

在累计百分数声级和人的主观反映所作的相关性调查中，发现 L_{10} 用于评价涨落较大的噪声时相关性较好。因此，L_{10} 已被美国联邦公路局作为公路设计噪声限值的评价量。总的来讲，累计百分数声级一般只用于有较好正态分布的噪声评价。对于统计特性符合正态分布的噪声,其累计百分数声级与等效连续 A 声级之间有近似关系:

$$L_{eq} \approx L_{50} + \frac{(L_{10} - L_{90})^2}{60} (dB) \tag{3-10}$$

六、更佳噪声标准(PNC)曲线和噪声评价数(NR)曲线

在评价噪声对室内语言及舒适度的影响时,以语言干扰级和响度级为基础,美国声学专家 Beranek 提出了噪声标准曲线,即 NC 曲线。经实践使用发现 NC 曲线有些频率与实际情况有差异,经过修正,提出了更佳噪声标准曲线,即 PNC 曲线(图 3-4)。将所测噪声各倍频带声压级与图中声压级比较,得出各倍频带声压级对应的 PNC 曲线号数,其中最大号数即为所测环境的噪声评价值。如果某环境的噪声达到 PNC—35,则表明此环境中各个倍频带声压

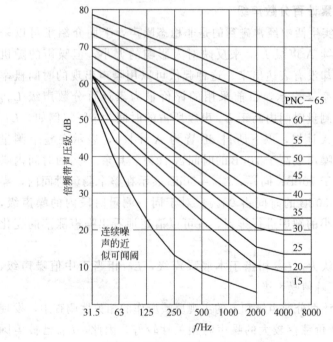

图 3-4　更佳噪声标准(PNC)曲线

46

级均不超过 PNC—35 曲线上所对应的声压级。

【例 3-3】 根据倍频带声级得出噪声评价 PNC 曲线号数:

中心频率/Hz	31.4	63	125	250	500	1000	2000	4000	8000
倍频带声压级/dB	55	46	43	37	40	35	30	28	24
对应 PNC 号	15	20	25	25	35	35	35	35	30

本例中,各倍频带对应 PNC 号的最大值为 35,因此可确定此环境中的噪声达到 PNC—35 的要求。

PNC 曲线适用于室内活动场所稳态噪声的评价,以及有特别噪声环境要求的场所的设计。对不同使用功能的场所,所要求的噪声环境也不一样,表 3-2 中给出了各类环境的 PNC 曲线推荐值。

表 3-2 各类环境的 PNC 曲线推荐值

空间类型(声学上的要求)	PNC 曲线
音乐厅、歌剧院(能听到微弱的音乐声)	10～20
录音、播音室(使用时远离传声器)	10～20
大型观众厅、大剧院(优良的听闻条件)	≤20
广播、电视和录音室(使用时靠近传声器)	≤25
小型音乐厅、剧院、音乐排练厅、大会堂和会议室(具有良好的听闻条件),或行政办公室和 50 人的会议室(不用扩音设备)	≤35
卧室、宿舍、医院、住宅、公寓、旅馆、公路旅馆等(适宜睡眠、休息、修养)	25～40
单人办公室、小会议室、教室、图书馆等(具有良好的听闻条件)	30～40
起居室和住宅中的类似的房间(作为交谈或听收音机和电视)	30～40
大的办公室、接待区域、商店、食堂、饭店等(对于要求比较好的听闻条件)	35～45
休息(接待)室、实验室、制图室、普通秘书室(有清晰的听闻条件)	40～50
维修车间、办公室和计算机设备室、厨房和洗衣店(中等清晰的听闻条件)、车间、汽车库、发电厂控制室等(能比较满意地听语言和电话通讯)	50～60

对于室内噪声的评价,除了可以用 PNC 曲线来评价外,也可以采用噪声评价数曲线,即 NR 评价曲线 (如图 3-5 所示)。NR 评价曲线也可用于对外界噪声的评价。NR 评价曲线以 1kHz 倍频带声压级值作为噪声评价数 NR,其他 63Hz～8kHz 倍频带的声压级和 NR 的关系也可由下式计算:

$$L_{pi} = a + bNR_i \tag{3-11}$$

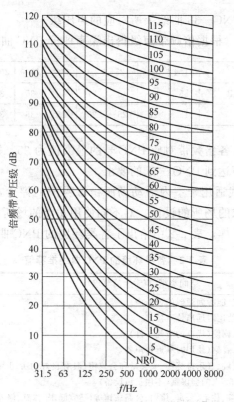

图 3-5 噪声评价数（NR）曲线

式中 L_{pi}——第 i 个频带声压级，dB；

a、b——不同倍频带中心频率的系数，见表 3-3。

表 3-3 不同中心频率的系数 a 和 b

倍频带中心频率/Hz	a	b
63	35.5	0.790
125	22.0	0.870
250	12.0	0.930
500	4.8	0.974
1000	0	1.000
2000	−3.5	1.015
4000	−6.1	1.025
8000	−8.0	1.030

求 NR 值的方法为：

① 将测得噪声的各倍频带声压级与图 3-5 上的曲线进行比较，得出各倍频带的 NR_i 值；

② 取其中的最大 NR_m 值（取整数）；

③ 将最大值 NR_m 加 1 即得所求环境的 NR 值。

七、噪度和感觉噪声级

噪声对人的干扰程度的评价涉及心理因素。一般认为，高频噪声比同样响的低频噪声更"吵闹"；噪声涨落程度大的噪声比涨落小的更"吵闹"；声源位置观察不到的声音比位置确定的噪声更"吵闹"；夜间出现的噪声比白天出现的同样噪声更"吵闹"。与人们主观判断噪声的"吵闹"程度成比例的数值量称为噪度，用 N_a 表示，单位为呐（noy）。定义在中心频率为 1kHz 的倍频带上，声压级为 40dB 的噪声的噪度为 1noy。噪度为 3noy 的噪声听起来是噪度为 1noy 的噪声的 3 倍"吵闹"。

克雷特（Kryter）根据反复的主观调查得出了类似于等响曲线的等感觉噪度曲线（图 3-6）。图中同一呐值曲线的感觉噪度相同。复合噪声总的感觉噪度计算方法为：

① 根据各频带声压级（倍频带或 1/3 倍频带），从图 3-6 中查出各频带对应的感觉噪度值；

② 找出感觉噪度值中的最大值 N_m，将各频带噪度总和中扣除最大值 N_m，再乘以相应频带计权因子 F，最后与 N_m 相加即为复合噪声的噪度 N_a，用数学表达式可表示为

$$N_a = N_m + F \cdot \left(\sum_{i=1}^{n} N_i - N_m \right) \tag{3-12}$$

式中　N_m——最大感觉噪度，noy；

　　　F——频带计权因子，倍频程时为 1，1/3 倍频程时为 1/2；

　　　N_i——第 i 个频带的噪度，noy。

将噪度转换成分贝指标，称为感觉噪声级，用 L_{PN} 表示，单位

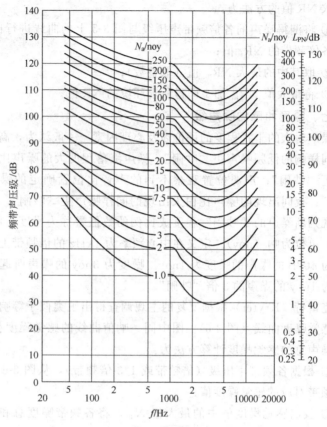

图 3-6　等感觉噪度曲线

为 dB。它们之间可由图 3-6 右侧的列线图转换。当感觉噪度呐值每增加 1 倍，感觉噪声级增加 10dB，它们之间也可通过以下关系式换算：

$$L_{PN} = 40 + 10\log_2 N_a \, (dB) \qquad (3-13)$$

感觉噪声级的应用比较普遍，但从感觉噪度计算来计算感觉噪声级比较复杂，实际测量中常近似地由 A 计权声级加 13dB 求得，用公式表示为

$$L_{PN} = L_A + 13 \, (dB) \qquad (3-14)$$

八、计权等效连续感觉噪声级 L_{WECPN}

在航空噪声评价中，对在一段监测时间内飞行事件噪声的评价采用计权等效连续感觉噪声级 L_{WECPN}。它考虑了一段监测时间内通过一固定点的飞行引起的总噪声级，同时也考虑了不同时间内飞行所造成的不同社会影响。

计权等效连续感觉噪声级 L_{WECPN} 是通过有效感觉噪声级来计算得到。有效感觉噪声级是在感觉噪声级 L_{PN} 的基础上，加上对持续时间和噪声中存在的可闻纯音或离散频率修正后的声级，用 L_{EPN} 表示。感觉噪声级 L_{PN} 经纯音修正后的声级表示为 L_{TPN}，持续时间修正为飞机飞越上空，其声级从未达到最高峰值前 10dB 开始到从峰值下降 10dB 为止的时间内，每隔 0.5s 间隔的所有 L_{TPN} 的能量相加，并加以时间归一化（20s）。修正过程可以用图 3-7 直观地表示。

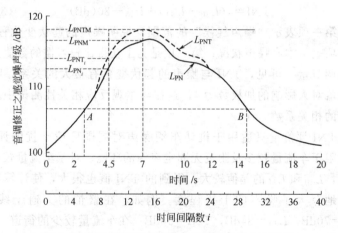

图 3-7 将纯音加在感觉噪声级相应分量上所得的
纯音修正感觉噪声级随时间变化的曲线

经修正后得到的有效感觉噪声级可用数学表达式表示为

$$L_{EPN} = 10\lg\left[\sum_{i=0}^{N} 0.1L_{TPNi}\right] - 13\ (\text{dB}) \qquad (3-15)$$

式中　L_{TPNi}——第 i 个时间间隔的 L_{TPN}；

51

N——0.5s 间隔的个数，$N=t/0.5$，t 为图 3-7 中 A 至 B 的飞行时间。

由此，可以得到计权等效连续感觉噪声级 L_{WECPN} 的计算表达式：

$$L_{WECPN} = \overline{L_{EPN}} + 10\lg(N_1 + 3N_2 + 10N_3) - 39.4(dB) \quad (3-16)$$

式中　$\overline{L_{EPN}}$——N 次飞行的有效感觉噪声级的能量平均值，dB；

　　　N_1——白天的飞行次数；

　　　N_2——傍晚的飞行次数；

　　　N_3——夜间的飞行次数。

三段时间的具体划分由当地人民政府决定。

九、交通噪声指数

交通噪声指数 TNI 是城市道路交通噪声评价的一个重要参量，其定义为

$$TNI = 4(L_{10} - L_{90}) + L_{90} - 30(dB) \quad (3-17)$$

式中第一项表示"噪声气候"的范围，说明噪声的起伏变化程度；第二项表示本底噪声状况；第三项是为了获得比较习惯的数值而引入的调节量。可见，TNI 与噪声的起伏变化有很大的关系，噪声的涨落对人影响的加权数为 4，这在与主观反应相关性测试中获得较好的相关系数。

TNI 评价量只适用于机动车辆噪声对周围环境干扰的评价，而且限于车流量较多及附近无固定声源的环境。对于车流量较少的环境，L_{10} 和 L_{90} 的差值较大，得到的 TNI 值也很大，使计算数值明显地夸大了噪声的干扰程度。例如，在繁忙的交通干线处，$L_{90} = 70dB$，$L_{10} = 84dB$，$TNI = 96dB$；在车流量较少的街道，L_{10} 可能仍为 84dB，但 L_{90} 却会降低到如 55dB 的水平，$TNI = 141dB$。显然，后者因噪声涨落大，引起烦恼比前者大，但两者的差别不会如此之大。

十、噪声污染级

噪声污染级也是用以评价噪声对人的烦恼程度的一种评价量，它既包含了对噪声能量的评价，同时也包含了噪声涨落的影响。噪

声污染级用标准偏差来反映噪声的涨落，标准偏差越大，表示噪声的离散程度越大，即噪声的起伏越大。噪声污染级用符号 L_{NP} 表示，其表达式为

$$L_{NP} = L_{eq} + K\sigma \tag{3-18}$$

$$\sigma = \sqrt{\frac{1}{n-1} \cdot \sum_{i=1}^{n} (L_i - \overline{L})^2} \tag{3-19}$$

式中 σ ——规定时间内噪声瞬时声级的标准偏差，dB；

     $\overline{L}$ ——算术平均声级，dB；

     L_i ——第 i 次声级，dB；

     n ——取样总数；

     K ——常量，一般取 2.56。

从噪声污染级 L_{NP} 的表达式中可以看出：式中第一项取决于干扰噪声能量，累积了各个噪声在总的噪声暴露中所占的分量；第二项取决于噪声事件的持续时间，平均能量中难以反映噪声起伏，起伏大的噪声 $K\sigma$ 项也大，对噪声污染级的影响也越大，也即更引起人的烦恼。

对于随机分布的噪声，噪声污染级和等效连续声级或累计百分数声级之间有如下关系：

$$L_{NP} = L_{eq} + (L_{10} - L_{90})(dB) \tag{3-20}$$

或

$$L_{NP} = L_{50} + (L_{10} - L_{90}) + \frac{1}{60}(L_{10} - L_{90})^2(dB) \tag{3-21}$$

从以上关系式中可以看出，L_{NP} 不但和 L_{eq} 有关而且和噪声的起伏值 $L_{10} - L_{90}$ 有关，当 $L_{10} - L_{90}$ 增大时 L_{NP} 明显增加，说明了 L_{NP} 比 L_{eq} 能更显著地反映出噪声的起伏作用。

噪声污染级的提出，最初是试图对各种变化的噪声作出一个统一的评价量，但到目前为止的主观调查结果并未显示出它与主观反映的良好相关性。事实上，噪声污染级并不能说明噪声环境中许多较小的起伏和一个大的起伏（如短促的声音）对人影响的区别。但它对许多公共噪声的评价，如道路交通噪声、航空噪声以及公共场

所的噪声等非常适当，它与噪声暴露的物理测量具有很好的一致性。

十一、噪声冲击指数

评价噪声对环境的影响，除要考虑噪声级的分布外，还应考虑受噪声影响的人口。人口密度较低情况下的高声级与人口密度较高条件下的低声级，对人群造成的总体干扰可以相仿。为此，提出噪声对人群影响的噪声冲击总计权人口数 TWP 来评价：

$$\text{TWP} = \sum W_i(L_{dn}) \cdot P_i(L_{dn}) \text{(dB)} \qquad (3\text{-}22)$$

式中 $P_i(L_{dn})$——全年或某段时间内受第 i 等级昼夜等效声级范围内（如 60~65dB）影响的人口数；

$W_i(L_{dn})$——第 i 等级声级的计权因子，见表 3-4。

表 3-4 不同 L_{dn} 值的计权系数 W_i

L_{dn}/dB	$W(L_{dn})$	L_{dn}/dB	$W(L_{dn})$	L_{dn}/dB	$W(L_{dn})$
35	0.002	52	0.030	69	0.224
36	0.003	53	0.035	70	0.245
37	0.003	54	0.040	71	0.267
38	0.003	55	0.046	72	0.291
39	0.004	56	0.052	73	0.315
40	0.005	57	0.060	74	0.341
41	0.006	58	0.068	75	0.369
42	0.007	59	0.077	76	0.397
43	0.008	61	0.087	77	0.427
44	0.009	61	0.098	78	0.459
45	0.011	62	0.110	79	0.492
46	0.012	63	0.123	80	0.526
47	0.014	64	0.137	81	0.562
48	0.017	65	0.152	82	0.600
49	0.020	66	0.168	83	0.640
50	0.023	67	0.185	84	0.681
51	0.026	68	0.204	85	0.725

根据上式可以计算出每个人受到的冲击强度，称为噪声冲击指数，用符号 NNI 表示，其计算式为

$$\text{NNI} = \frac{\text{TWP}}{\sum P_i(L_{dn})} \qquad (3\text{-}23)$$

NNI可用作对声环境质量的评价及不同环境的相互比较，以及供城市规划布局中考虑噪声对环境的影响，并由此作出选择。

十二、噪声掩蔽

噪声的一个重要特征是它对另一声音听闻的干扰，当某种噪声很响而影响人们听不清楚其他声音时，就说后者被噪声掩蔽了。由于噪声的存在，降低了人耳对另外一种声音听觉的灵敏度，使听域发生迁移，这种现象叫做噪声掩蔽。听阈提高的分贝数称为掩蔽值。例如频率为1000Hz的纯音，当声压级为3dB时，正常人耳就可以听到（再降低人耳就听不见了），即1000Hz纯音的听阈为3dB。然而，当在一个有70dB噪声存在的环境中，1000Hz纯音的声压级必须要提高到84dB才能被听到，听阈提高的分贝数为81dB（即84dB－3dB）。由此就认为此噪声对1000Hz纯音的掩蔽值为81dB。

在噪声掩蔽中，通常，被掩蔽纯音的频率接近掩蔽音时，掩蔽值就大，即频率相近的纯音掩蔽效果显著；掩蔽音的声压级越高，掩蔽量越大，掩蔽的频率范围越宽。掩蔽音对比其频率低的纯音掩蔽作用小，而对比其频率高的纯音掩蔽作用强。

由于噪声掩蔽效应，我们通常会感觉到在噪声较高的环境中，人们相互之间的交谈就会感到吃力，这时人们会下意识地提高讲话的声级，以克服噪声的掩蔽作用。由于语言交谈的频率范围主要集中在500Hz、1000Hz、2000Hz为中心频率的三个倍频程中，因此，频率在200Hz以下，7000Hz以上的噪声对语言交谈不会引起很大的干扰。

十三、语言清晰度指数和语言干扰级

语言清晰度指数是一个正常的语言信号能为听者听懂的百分数。语言清晰度评价常常采用特定的实验来进行。它是选择具有正常听力的男性和女性组成特定的试听队，对经过仔细选择的包括意义不连贯的音节（汉语方块字）和单句组成的试听材料进行测试。经过实验测得听者对音节所做出的正确响应与发送的音节总数之比的百分数称为音节清晰度 S，若为有意义的语言单位，则称为语言

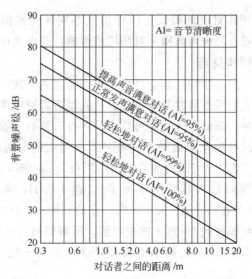

图 3-8　清晰度受干扰程度

可懂度，即语言清晰度指数 AI。

　　语言清晰度指数与声音的频率 f 有关，高频声比低频声的语言清晰度指数要高。其次，语言清晰度指数与背景噪声以及对话者之间的距离有关（图 3-8）。一般 95% 的清晰度对语言通话是允许的，这是因为有些听不懂的单字或音节可以从句子中推测出。在一对一的交谈中，距离通常为 1.5m，背景噪声的 A 计权声级在 60dB 以下即可保证正常的语言对话；若是在公共会议室或室外庭院环境中，交谈者之间的距离一般是 3.8～9m，背景噪声的 A 计权声级必须保持在 45～55dB 以下方可保证正常的语言对话。

　　Beranek 提出语言干扰级 SIL 作为对语言清晰度指数 AI 的简化代用量，它是中心频率 600～4800Hz 的 6 个倍频带声压级的算术平均值。后来的研究发现低于 600Hz 的低频噪声的影响不能忽略，于是对原有的语言干扰级 SIL 作了修改，提出以 500、1000、2000Hz 为中心频率的三个倍频带的平均声压级来表示，称为更佳语言干扰级 PSIL。更佳语言干扰级 PSIL 与语言干扰级 SIL 之间的关系为

$$PSIL = SIL + 3(dB) \qquad (3\text{-}24)$$

更佳语言干扰级 PSIL 与讲话声音的大小、背景噪声级之间的关系如表 3-5 所示。表中分贝值表示以稳态连续噪声作为背景噪声的 PSIL 值,列出的数据只是勉强保持有效的语言通讯,干扰级是男性声音的平均值,女性减 5dB。测试条件是讲话者与听者面对面,用意想不到的字,并假定附近没有反射面加强语言声级。

表 3-5　更佳语言干扰级

讲话者与听者间的距离/m	PSIL/dB			
	声音正常	声音提高	声音很响	非常响
0.15	74	80	86	92
0.30	68	74	80	86
0.60	62	68	74	80
1.20	56	62	68	74
1.80	52	58	64	70
3.70	46	52	58	64

从表 3-5 中可以看出,两人相距 0.15m 以正常声音对话,能保证听懂话的干扰级只允许 74dB,如果背景噪声再提高,例如干扰级达到 80dB,就必须提高讲话的声音才能听懂讲话。

第二节　环境噪声评价标准和法规

环境噪声不但影响到人的身心健康,而且干扰人们的工作、学习和休息,使正常的工作生活环境受到破坏。前面介绍了噪声的评价量,采用这些评价量,可以从各个方面描述噪声对人的影响程度。但理想的宁静工作生活环境与现实环境往往有很大差距,因此必须对环境噪声加以控制,从保护人的身心健康和工作生活环境角度出发,制定出噪声的允许限值。这样就形成环境噪声标准和法规。我国目前的环境噪声法规有环境噪声污染防治法,环境噪声标准可以分为产品噪声标准、噪声排放标准和环境质量标准几大类。

一、环境噪声污染防治法

《中华人民共和国环境噪声污染防治法》是在 1996 年 10 月经

第八届全国人民代表大会通过的。制定环境噪声污染防治法的目的是为了保护和改善人们的生活环境，保障人体健康，促进经济和社会的发展。环境噪声污染防治法共分八章六十四条，从污染防治的监督管理、工业噪声污染防治、建筑施工噪声污染防治、交通运输噪声污染防治、社会生活噪声污染防治这几方面作出具体规定，并对违犯其中各条规定所应受的处罚及所应承担的法律责任作出明确规定。它是制定各种噪声标准的基础。

防治法中明确提出了任何单位和个人都有保护声环境的义务，城市规划部门在确定建设布局时，应当依据国家声环境质量标准和民用建筑隔声设计规范，合理划定建筑物与交通干线的防噪声距离。对可能产生环境噪声污染的建设项目，必须提出环境影响报告书以及规定环境噪声污染的防治措施，并规定防治设施必须与主体工程同时设计、同时施工、同时投产使用，即实现"三同时"。

防治法中对工业生产设备造成的环境噪声污染，规定必须向地方政府申报并采取防治措施。对建筑施工噪声，防治法中规定在城市市区噪声敏感建筑物集中区域内，禁止夜间进行产生环境噪声污染的建筑施工作业。交通运输噪声的防治，除对交通运输工具的辐射噪声作出规定外，对经过噪声敏感建筑物集中区域的高速公路、城市高架、轻轨道路，应当设置屏障或采取其他有效的防治措施；航空器不得飞越城市市区上空。对社会生活中可能产生的噪声污染，防治法中规定了新建营业性文化娱乐场所的边界噪声必须符合环境噪声排放标准，才可核发经营许可证及营业执照，使用家用电器、乐器及进行家庭活动时，不应对周围居民造成环境噪声污染。

二、产品噪声标准

环境噪声控制的基本要求是在声源处将噪声控制在一定范围内。从这个意义上来讲，应对所有机电产品制定噪声允许标准，超过标准的产品不允许进入市场。我国对产品噪声的标准还在不断的完善中，这些产品噪声标准包括各类家用电器产品（如电冰箱、洗衣机、空调器、微波炉、电视机等），办公类用品（如计算机、打印机、显示器、扫描仪、投影仪等），以及其他机电产品（如车辆、供配电设备等）。甚至这些产品的各个部件的噪声都有相应的噪声标准。由于产品种类繁多，因而噪声标准也很多，在此主要介绍汽车和地铁车辆的噪声标准。

1. 汽车定置噪声

《汽车定置噪声限值》（GB 16170—1996）对城市道路允许行驶的在用汽车规定了定置噪声的限值。汽车定置是指车辆不行驶，发动机处于空载运转状态，定置噪声反映了车辆主要噪声源——排气噪声和发动机噪声的状况。标准中规定的对各类汽车的噪声限值如表 3-6 所示。

表 3-6　各类车辆定置噪声 A 声级限值/dB

车 辆 类 型	燃料种类	车辆出厂日期	
		1998 年 1 月 1 日前	1998 年 1 月 1 日起
轿车	汽油	87	85
微型客车、货车	汽油	90	88
轻型客车、货车 越野车	汽油 $n \leqslant 4300 \mathrm{r/min}$	94	92
	汽油 $n > 4300 \mathrm{r/min}$	97	95
	柴油	100	98
中型客车、货车 大型客车	汽油	97	95
	柴油	103	101
重型货车	额定功率 $N \leqslant 147 \mathrm{kW}$	101	99
	额定功率 $N > 147 \mathrm{kW}$	105	103

2. 城市轨道交通列车噪声限值

《城市轨道交通列车噪声限值和测量方法》（GB 14892—2006）中对城市轨道交通系统中地铁和轻轨列车噪声等效声级 L_{eq} 的最大容许限值应符合表 3-7 的要求。

三、噪声排放标准

1. 工业企业厂界环境噪声排放标准

工业企业厂界环境噪声指在工业生产活动中使用固定设备等产

表 3-7   列车噪声等效声级 L_{eq} 最大容许限值/dB(A)

车辆类型	运行路线	位　　置	噪声限值
地铁	地下	司机室内	80
	地下	客室内	83
	地上	司机室内	75
	地上	客室内	75
轻轨	地上	司机室内	75
	地上	客室内	75

生的、在厂界处进行测量和控制的干扰周围生活环境的声音。《工业企业厂界环境噪声排放标准》（GB 12348—2008），规定了工业企业和固定设备厂界环境噪声排放限值及测量方法。适用于工业企业噪声排放的管理、评价及控制。机关、事业单位、团体等对外环境排放噪声的单位也按本标准执行。本标准中规定了五类声环境功能区的厂界噪声的标准值（表 3-8A）。

表 3-8A   工业企业厂界环境噪声区域排放限值/dB(A)

厂界外声环境功能区类别	昼　间	夜　间
0	50	40
1	55	45
2	60	50
3	65	55
4	70	55

五类标准的适用范围规定如下。

0 类声环境功能区：指康复疗养区等特别需要安静的区域。

1 类声环境功能区：指以居民住宅、医疗卫生、文化教育、科研设计、行政办公为主要功能，需要保持安静的区域。

2 类声环境功能区：指以商业金融、集市贸易为主要功能，或者居住、商业、工业混杂，需要维护住宅安静的区域。

3 类声环境功能区：指以工业生产、仓储物流为主要功能，需要防止工业噪声对周围环境产生严重影响的区域。

4 类声环境功能区：指交通干线两侧一定距离之内，需要防止交通噪声对周围环境产生严重影响的区域，包括 4a 类和 4b 类两种类型。4a 类为高速公路、一级公路、二级公路、城市快速路、城市主干路、城市次干路、城市轨道交通（地面段）、内河航道两侧区域；4b 类为铁路干线两侧区域。

根据《中华人民共和国环境噪声污染防治法》，6：00～22：00 为昼间，22：00～次日 6：00 为夜间，但由于我国幅员辽阔，各地习惯有较大差异，因此标准中规定昼间和夜间的时间由当地县级以上人民政府按当地习惯和季节变化划定。

夜间频发噪声的最大声级超过限值的幅度不得高于 10dB(A)，偶发噪声的最大声级超过限值的幅度不得高于 15dB（A）。

当厂界与噪声敏感建筑物距离小于 1m 时，厂界环境噪声应在噪声敏感建筑物的室内测量，并将表 3-8A 中相应的限值减 10dB（A）作为评价依据。

当固定设备排放的噪声通过建筑物结构传播至噪声敏感建筑物室内时，噪声敏感建筑物室内等效声级不得超过表 3-8B 和表 3-8C 的规定。

表 3-8B　结构传播固定设备室内
噪声排放限值/dB(A)

噪声敏感建筑物所处 声环境功能区类别	A 类房间		B 类房间	
	昼　间	夜　间	昼　间	夜　间
0	40	30	40	30
1	40	30	45	35
2、3、4	45	35	50	40

2. 建筑施工场界噪声限值

建筑施工往往带来较大的噪声，对城市建筑施工期间施工场地产生的噪声，国家标准《建筑施工场界噪声限值》（GB 12523—90）

表 3-8C 结构传播固定设备室内噪声
排放限值（倍频带声压级）/dB(A)

噪声敏感建筑物所处声环境功能区类别	时段	房间类型	室内噪声倍频带声压级限值/Hz				
			31.5	63	125	250	500
0	昼间	A、B类房间	76	59	48	39	34
	夜间	A、B类房间	69	51	39	30	24
1	昼间	A类房间	76	59	48	39	34
		B类房间	79	63	52	44	38
	夜间	A类房间	69	51	39	30	24
		B类房间	72	55	43	35	29
2、3、4	昼间	A类房间	79	63	52	44	38
		B类房间	82	67	56	49	43
	夜间	A类房间	72	55	43	35	29
		B类房间	76	59	48	39	34

注：1. A类房间是指以睡眠为主要目的，需要保证夜间安静的房间，包括住宅卧室、医院病房、宾馆客房等。

2. B类房间是指主要在昼间使用，需要保证思考与精神集中、正常讲话不被干扰的房间，包括学校教室、会议室、办公室、住宅中卧室以外的其他房间等。

中规定了不同施工阶段，与敏感区域相应的建筑施工场地边界线处的噪声限值（表 3-9）。

表 3-9 不同施工阶段作业的场界
噪声限值（等效声级 L_{eq}）/dB

施工阶段	主要噪声源	噪 声 限 值	
		昼 间	夜 间
土石方	推土机、挖掘机、装载机	75	55
打桩	各种打桩机	85	禁止施工
结构	混凝土搅拌机、振捣棒、电锯等	70	55
装修	吊车、升降机	65	55

建筑施工有时出现几个施工阶段同时进行的情形，标准中规定这种情况下以高噪声阶段的限值为准。

建筑施工场地边界线处的等效声级测量按 GB 12524《建筑施工场界噪声测量方法》进行。

3. 铁路及机场周围环境噪声标准

《铁路边界噪声限值及其测量方法》（GB 12525—90）中规定在距铁路外侧轨道中心线 30m 处（即铁路边界）的等效 A 声级不得超过 70dB。《机场周围飞机噪声环境标准》（GB 9660—88）中规定了机场周围飞机噪声环境及受飞机通过所产生噪声影响的区域的噪声，采用一昼夜的计权等效连续感觉噪声级 L_{WECPN} 作为评价量。标准中规定了两类适应区域及其标准限值（表 3-10）。

表 3-10　机场周围飞机噪声标准值及适用区域

适用区域	标准值 L_{WECPN}/dB
一类区域	≤70
二类区域	≤75

注：1. 一类区域：特殊居住区；居住、文教区。

2. 二类区域：除一类以外的生活区。

4. 社会生活环境噪声排放标准

环境保护部 2008 年 7 月 17 日首次发布了《社会生活环境噪声排放标准》（GB 22337—2008），自 2008 年 10 月 1 日起实施。本标准根据现行法律对社会生活噪声污染源达标排放义务的规定，对营业性文化娱乐场所和商业经营活动中可能产生环境噪声污染设备、设施规定了边界噪声排放限值和测量方法。各类社会生活噪声排放源边界噪声排放限值见表 3-11。

表 3-11　社会生活噪声排放源边界噪声
排放限值（等效声级 L_{Aeq}）/dB

边界外声环境功能区类别	昼　间	夜　间
0	50	40
1	55	45
2	60	50
3	65	55
4	70	55

结构传播固定设备室内噪声排放限值参见表 3-8B 和表 3-8C。

四、环境质量标准

1. 工业企业噪声卫生标准

工业企业噪声卫生标准是我国卫生部和国家劳动总局于 1979 年 8 月 31 日颁发并实施的试行标准，并颁布了《工业企业噪声控制设计规范》（GBJ 87—85）。设计规范中提出了工业企业厂区内各类地点噪声 A 声级的噪声限值（表 3-12）。当每天噪声暴露时间不足 8h，则噪声暴露值可按表 3-13 所列数值相应放宽；当工作地点的噪声超过标准时，则噪声暴露的时间应按表 3-13 所列数值相应减少。

表 3-12　工业企业厂区内各类地点噪声标准（A 计权声级）

序号	地　点　类　别		噪声限值/dB
1	生产车间及作业场所(工人每天连续接触噪声 8h)		90
2	高噪声车间设置的值班室、观察室、休息室	无电话通话要求时	75
		有电话通话要求时	70
3	精密装配线、精密加工车间的工作地点、计算机房(正常工作状态)		70
4	车间所属办公室、实验室、设计室(室内背景噪声级)		70
5	主控制室、集中控制室、通讯室、电话总机室、消防值班室(室内背景噪声级)		60
6	厂部所属办公室、会议室、设计室、中心实验室(包括试验、化验、计量室)(室内背景噪声级)		60
7	医务室、教室、哺乳室、托儿所、工人值班室(室内背景噪声级)		55

表 3-13　车间内部允许噪声级（A 计权声级）

每个工作日噪声暴露时间/h		8	4*	2	1	1/2	1/4	1/8
允许噪声级/dB	现有企业	90	93	96	99	102	105	108
	新建、扩建、改建企业	85	88	91	94	97	100	103
最高噪声级/dB		≤115						

按现有工业企业噪声标准的规定，在 93dB 噪声环境中工作的

时间只允许 4h，其余 4h 必须在不大于 90dB 的噪声环境中工作；在 96dB 噪声环境中工作的时间只允许 2h，其余 6h 必须在不大于 90dB 的噪声环境中工作。工作环境噪声每增加 3dB，在此环境中的工作时间就必须减少一半，但最高不得超过 115dB。

对于非稳态噪声的工作环境或工作位置流动的情况，根据测量规范的规定，应测量等效连续 A 声级，或测量不同的 A 声级和相应的暴露时间，然后按如下的方法计算等效连续 A 声级或计算噪声暴露率。

等效连续 A 声级的计算是将一个工作日（8h）内所测得的各 A 声级从大到小分成 8 段排列，每段相差 5dB，以其算术平均的中心声级表示，如 80dB 表示 78～82dB 的声级范围，85dB 表示 83～87dB 的声级范围，依此类推。低于 78dB 的声级可以不予考虑，则一个工作日的等效连续 A 声级可通过下式计算：

$$L_{eq} = 80 + 10\lg \frac{\sum_n 10^{\frac{(n-1)}{2} \cdot T_n}}{480} \text{ (dB)} \tag{3-25}$$

式中　n——中心声级的段数号，$n = 1 \sim 8$，如表 3-14 所示；

　　　T_n——第 n 段中心声级在一个工作日内所累积的暴露时间，min；

　　　480——8h 的分钟数。

表 3-14　各段中心声级和暴露时间

n（段数号）	1	2	3	4	5	6	7	8
中心声级 L_i/dB	80	85	90	95	100	105	110	115
暴露时间 T_n/min	T_1	T_2	T_3	T_4	T_5	T_6	T_7	T_8

【例 3-4】　某车间中，工作人员在一个工作日内噪声暴露的累积时间分别为 90dB 计 4h，75dB 计 2h，100dB 计 2h，求该车间的等效连续 A 声级。

【解】　根据表 3-14，90dB 噪声处在段数号 $n = 3$ 的中心声级段；100dB 噪声处在段数号 $n = 5$ 的中心声级段；75dB 噪声可以不予考虑。因此，根据式（3-25）可得：

$$L_{eq}=80+10\lg\frac{[10^{(3-1)1/2}\times240+10^{(5-1)/2}\times120]}{480}=94.7(dB)$$

这一结果已超过表 3-12 中所规定的限值。

噪声暴露率的计算是将暴露声级的时数除以该暴露声级的允许工作的时数。设暴露在 L_i 声级的时数为 C_i，L_i 声级允许暴露时数为 T_i，则按每天 8h 工作可算出噪声暴露率：

$$D=\frac{C_1}{T_1}+\frac{C_2}{T_2}+\frac{C_3}{T_3}+\cdots=\sum_i\frac{C_i}{T_i} \qquad (3-26)$$

如果 $D>1$ 表明 8h 工作的噪声暴露剂量超过允许标准，上例中的噪声暴露率 $D=\frac{4}{8}+\frac{2}{1}=2.5>1$，表明已超过标准限值。

2. 室内环境噪声允许标准

为保证生活工作环境宁静，各国颁布了室内环境噪声标准，各国因地而异。ISO 1971 年提出的环境噪声允许标准中规定：住宅区室内环境噪声的容许声级为 35～45dB，并因时、因地进行修正，修正值见表 3-15 及表 3-16；我国民用建筑室内允许噪声级见表 3-17。非住宅区环境噪声的容许声级见表 3-18。

表 3-15 一天不同时间声级修正值

不同的时间	修正值 L_{pA}/dB
白天	0
晚上	−5
深夜	−10～−15

表 3-16 不同地区住宅的声级修正值

不同的地区	修正值 L_{pA}/dB
农村、医院、休养区	0
市郊区、交通很少地区	+5
市居住区	+10
市居住区、少量工商或交通混合区	+15
市中心(商业区)	+20
工业区(重工业)	+25

66

表 3-17　我国民用建筑室内允许噪声级

建筑物类型	房间功能或要求	允许噪声级 L_{pA}/dB			
		特　级	一　级	二　级	三　级
医院	病房、休息室	—	40	45	50
	门诊室	—	55	55	60
	手术室	—	45	45	50
	测听室	—	25	25	30
住宅	卧室、书房	—	40	45	50
	起居室	—	45	50	50
学校	有特殊安静要求	—	40	—	—
	一般教室	—	—	50	—
	无特殊安静要求	—	—	—	55
旅馆	客房	35	40	45	55
	会议室	40	45	50	50
	多用途大厅	40	45	50	—
	办公室	45	50	55	55
	餐厅、宴会厅	50	55	60	—

表 3-18　非住宅区的室内噪声允许标准

房间功能	修正值 L_{pA}/dB
大型办公室、商店、百货公司、会议室、餐厅	35
大餐厅、秘书室(有打字机)	45
大打字间	55
车间(根据不同用途)	45～75

3. 声环境质量标准

《声环境质量标准》(GB 3096—2008)是对《城市区域环境噪声标准》(GB 3096—93)和《城市区域环境噪声测量方法》(GB/T 14623—93)的修订,扩大了标准适用区域,将乡村地区纳入标准适用范围;将环境质量标准与测量标准合并为一项标准;明确了交通干线的定义,对交通干线两侧 4 类区环境噪声限值作了调整;提出了声环境功能区监测和噪声敏感建筑物监测的要求。规定五类声环境功能区的环境噪声的最高限值,见表 3-19。

4b 类声环境功能区环境噪声限值,适用于 2011 年 1 月 1 日起环境影响评价文件通过审批的新建铁路(含新开廊道的增建铁路)

表 3-19　各类声环境功能区环境噪声

限值（等效声级 L_{Aeq}）/dB

声环境功能区类别		昼　间	夜　间
0		50	40
1		55	45
2		60	50
3		65	55
4	4a	70	55
	4b	70	60

干线建设项目两侧区域；对夜间突发噪声，标准中规定了其最大值不准超过标准值 15dB。

习　题

1. 某噪声各倍频程频谱如下表所示，请根据计算响度的斯蒂文斯法，计算此噪声的响度级。

频率/Hz	63	125	250	500	1000	2000	4000	8000
声压级/dB	60	57	62	65	67	62	48	36

2. 某发电机房工人一个工作日暴露于 A 声级 92dB 噪声中 4h，98dB 噪声中 24min，其余时间均在噪声为 75dB 的环境中。试求该工人一个工作日所受噪声的等效连续 A 声级。

3. 为考核某车间内 8h 的等效 A 声级。8h 中按等时间间隔测量车间内噪声的 A 计权声级，共测试得到 96 个数据。经统计，A 声级在 85dB 段（包括 83～87dB）的共 12 次，在 90dB 段（包括 88～92dB）的共 12 次，在 95dB 段（包括 93～97dB）的共 48 次，在 100dB 段（包括 98～102dB）的共 24 次。试求该车间的等效连续 A 声级。

4. 某一工作人员环境暴露于噪声 93dB 计 3h，90dB 计 4h，

85dB 计 1h，试求其噪声暴露率，是否符合现有工厂企业噪声卫生标准？

5. 交通噪声引起人们的烦恼，决定于噪声的哪些因素？

6. 某教室环境，如教师用正常声音讲课，要使离讲台 6m 距离能听清楚，则环境噪声不能高于多少分贝？

7. 甲地区白天的等效 A 声级为 64dB，夜间为 45dB；乙地区的白天等效 A 声级为 60dB，夜间为 50dB，请问哪一地区的环境对人们的影响更大？

8. 某噪声的倍频程声压级如下表所示，试求该噪声的 A 计权声级及其 NR 数。

频率/Hz	63	125	250	500	1000	2000	4000	8000
声压级/dB	60	70	80	82	80	83	78	76

第四章　噪声测试和监测

噪声测量是环境噪声监测、控制以及研究的重要手段。环境噪声的测量大部分是在现场进行的，条件很复杂，声级变化范围大。因此其所需的测量仪器和测量方法与一般的声学测量有所不同。本章仅介绍环境噪声测量中常用的一些仪器设备和相关的测量方法。

第一节　测　量　仪　器

随着大规模集成电路和信号处理技术的迅速发展，现代的声学仪器日新月异，品种繁多。本章仅介绍若干典型仪器的特性和使用方法，对仪器的具体型号不作详细罗列。

一、声级计

在噪声测量中声级计是常用的基本声学仪器。它是一种可测量声压级的便携式仪器。国际电工委员会 IEC 651 和国标 GB 3785—83 将声级计分作 0、Ⅰ、Ⅱ、Ⅲ 四种等级（见表 4-1），在环境噪声测量中，主要使用 Ⅰ 型（精密级）和 Ⅱ 型（普通级）。

表 4-1　声级计分类

类　型	精　密　级		普　通　级	
	0	Ⅰ	Ⅱ	Ⅲ
精　度	±0.4dB	±0.7dB	±1.0dB	±1.5dB
用　途	实验室标准仪器	声学研究	现场测量	监测、普查

声级计一般由传声器、放大器、衰减器、计权网络、检波器和指示器等组成。图 4-1 是声级计的典型结构框图。

1. 传声器

传声器是一种将声压转换成电压的声电换能器。传声器的类型很多，它们的转换原理及结构各不相同。要求测试用的传声器在测量频率范围内有平直的频率响应、动态范围大、无指向性、本底噪声低、稳定性好。在声级计中，大多选用空气电容传声器和驻极体电容传声器。

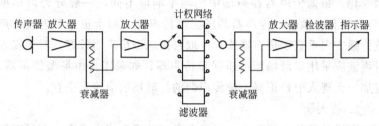

图 4-1　声级计典型结构方框图

（1）电容传声器　是由一个非常薄的金属膜（或涂金属的塑料膜片）和相距很近的后极板组成的。膜片和后极板相互绝缘，构成一个电容器。在两电极上加恒定直流极化电压 E_0，使静止状态的电容 C_0 充电，当声波入射到膜片表面时膜片振动产生位移，使膜片与后极板之间的间隙发生变化，电容量也随之变化，导致负载电阻 R 上的电流产生变化。这样，就能在负载电阻上得到与入射声波相对应的交流电压输出。图 4-2 是电容传声器的结构原理和等效电路图。

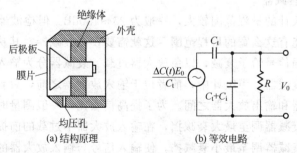

(a) 结构原理　　(b) 等效电路

图 4-2　电容传声器

电容传声器的主要技术指标有灵敏度、频率响应范围和动态范围。

71

（2）驻极体电容传声器　是在膜片与后极板之间填充驻极体，用驻极体的极化电压来代替外加的直流极化电压。

此外，由于传声器在声场中会引起声波的散射作用，特别会使高频段的频率响应受到明显影响。这种影响随声波入射方向的不同而变化。根据传声器在声场中的频率响应不同，一般分为声场型（自由场和扩散场）传声器和压强型传声器。测量正入射声波（声波传播方向垂直于传声器膜片）取自由场型传声器较好，对无规入射声波应采用扩散场型或压强型传声器，如采用自由场型传声器，应加一无规入射校正器，使传声器的扩散场响应接近平直。

2. 放大器

声级计的放大器部分，要求在音频范围内响应平直，有足够低的本底噪声，精密声级计的声级测量下限一般在 24dB 左右，如果传声器灵敏度为 $50\mathrm{mV/Pa}$，则放大器的输出电压约为 $15\mu\mathrm{V}$，因此要求放大器的本底噪声应低于 $10\mu\mathrm{V}$。当声级计使用"线性"（L）挡，即不加频率计权时，要求在线性频率范围内有这样低的本底噪声。

声级计内的放大器，要求具有较高的输入阻抗和较低的输出阻抗，并有较小的线性失真，放大系统一般包括输入放大器和输出放大器两组。

3. 衰减器

声级计的量程范围较大，一般为 25～130dB。但检波器和指示器不可能有这么宽的量程范围，这就需要设置衰减器，其功能是将接到的强信号给予衰减，以免放大器过载。衰减器分为输入衰减器和输出衰减器。声级计中，前者位于输入放大器之前，后者接在输入放大器和输出放大器之间。为了提高信噪比，一般测量时应尽量将输出衰减器调至最大衰减挡，在输入放大器不过载的前提下，而将输入衰减器调至最小衰减挡，使输入信号与输入放大器的电噪声有尽可能大的差值。

4. 滤波器

声级计中的滤波器包括 A、B、C、D 计权网络和 1/1 倍频程或 1/3 倍频程滤波器。A 计权声级应用最为普遍，而且只有 A 计权的普通声级计，可以做成袖珍式的，价格低，使用方便，多数普通声级计还有"线性"挡，可以测量声压级，用途更为广泛。在一般噪声测量中 1/1 倍频程或 1/3 倍频程带宽的滤波器就足够了。

如将模拟电路检波输出的直流信号不输入指示器，而反馈给 A/D 转换器，或将传声器前置放大输出的交流信号直接进行模数转换，然后对数字信号进行分析处理以数字显示、打印或储存各种结果。这类声级计称为数字声级计。由于软件可以随要求方便编制，因此数字声级计具有多用性的优点。可以根据需要提供瞬时声级、最大声级、统计声级、等效连续声级、噪声暴露声级等数据。

5. 声级计的主要附件

（1）防风罩　在室外测量时，为避免风噪声对测量结果的影响，在传声器上罩一个防风罩，通常可降低风噪声 10～12dB。但防风罩的作用是有限的，如果风速超过 20km/h，即使采用防风罩，它对不太高的声压级的测量结果仍有影响。显然，所测噪声声压级越高，风速的影响越小。

（2）鼻形锥　若要在稳定的高速气流中测量噪声，应在传声器上装配鼻形锥，使锥的尖端朝向来流，从而降低气流扰动产生的影响。

（3）延长电缆　当测量精度要求较高或在某些特殊情况下，测量仪器与测试人员相距较远。这时可用一种屏蔽电缆连接电容传声器（随接前置放大器）和声级计。屏蔽电缆长度为几米至几十米，电缆的衰减很小，通常可以忽略。但是如果插头与插座接触不良，将会带来较大的衰减。因此，需要对连接电缆后的整个系统用校准器再次校准。

6. 声级计的校准

为保证测量的准确性，声级计使用前后要进行校准，通常使用活塞发生器、声级校准器或其他声压校准仪器对声级计进行校准。

（1）活塞发声器　这是一种较精确的校准器，它在传声器的膜片上产生一个恒定的声压级（如 124dB）。活塞发声器的信号频率一般为 250Hz，所以在校准声级计时，频率计权必须放在"线性"挡或"C"挡，不能在"A"挡校准。应用活塞发声器校准时，要注意环境大气压对它的修正，特别在海拔较高地区进行校准时不能忘记这一点。使用时要注意校准器与传声器之间的紧密配合，否则读数不准。国产的 NX6 活塞发声器，它产生 124dB±0.2dB 声压级，频率 250Hz，非线性失真不大于 3%。

（2）声级校准器　这是一种简易校准器，如国产 ND9 校准器。使用它进行校准时，因为它的信号频率是 1000Hz。声级计可置任意计权开关位置。因为在 1000Hz 处，任何计权或线性响应，灵敏度都相同，校准时，对于 1 英寸或 24mm 外径的自由声场响应电容传声器，校准值为 93.6dB；对于 1/2 英寸或 12mm 外径的自由声场响应传声器，校准值为 93.8dB。

校准器应定期送计量部门作鉴定。

二、频谱分析仪和滤波器

在实际测量中很少遇到单频声，一般都是由许多频率组合而成的复合声，因此，常常需要对声音进行频谱分析。若以频率为横坐标，以反映相应频率处声信号强弱的量（例如，声压、声强、声压级等）为纵坐标，即可绘出声音的频谱图。

图 4-3 给出几种典型的噪声频谱：（a）线状谱，（b）连续谱，（c）复合谱——在连续谱中叠加了能量较高的线状谱。这些频谱反映了声能量在各个频率处的分布特性。

由能量叠加原理可知，频率不同的声波是不会产生干涉的，即使这些不同频率成分的声波是由同一声源发出的，它们的总声能仍旧是各频率分量上的能量叠加。在进行频谱分析时，对线状谱声音可以测出单个频率的声压级或声强级。但是对于连续谱声音，则只能测出某个频率附近 Δf 带宽内的声压级或声强级。

为了方便起见，常将连续的频率范围划分成若干相连的频带（或称频程），并且经常假定每个小频带内声能量是均匀分布的。显然，频带宽度不同，所测得的声压级或声强级也不同。对于足够窄的带宽 Δf，定义 $W(f)=p^2/\Delta f$ 称为谱密度。

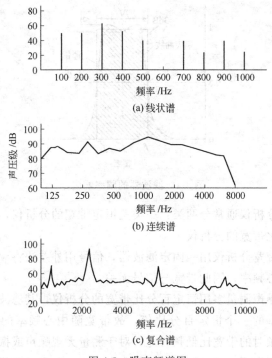

(a) 线状谱

(b) 连续谱

(c) 复合谱

图 4-3 噪声频谱图

　　具有对声信号进行频谱分析功能的设备称为频谱分析仪或叫频率分析仪。

　　频谱分析仪的核心是滤波器。图 4-4 是一个典型的带通滤波器的频率响应，带宽 $\Delta f = f_2 - f_1$。滤波器的作用是让频率在 f_1 和 f_2 间的所有信号通过，且不影响信号的幅值和相位，同时，阻止频率在 f_1 以下和 f_2 以上的任何信号通过。

　　滤波器可以是模拟的，也可以是数字的，可以做得接近理想的滤波器，但这是很花钱和很费时的事，实际上没有这种必要，故大多数滤波器做成具有如图 4-4 所示图线的形状。频率 f_1 和 f_2 处输出比中心频率 f_0 小 3dB，称之为下限截止频率和上限截止频率。中心频率 f_0 与截止频率 f_1、f_2 的关系为

$$f_0 = \sqrt{f_1 \cdot f_2} \qquad (4-1)$$

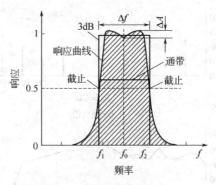

图 4-4 滤波器的频率响应

频率分析仪通常分两类：一类是恒定带宽的分析仪，另一类是恒定百分比带宽的分析仪。

恒定带宽分析仪用一固定滤波器，信号用外差法将频率移到滤波器的中心频率，因此带宽与信号无关。

一般噪声测量多用恒定百分比带宽的分析仪，其滤波器的带宽是中心频率的一个恒定百分比值，故带宽随中心频率的增加而增大，即高频时的带宽比低频时宽，对于测量无规噪声或振动，这种分析仪特别有用。最常用的有倍频程和 1/3 倍频程频谱仪。倍频程分析仪中，每一带宽通过频程的上限截止频率等于下限截止频率的两倍，在 1/3 倍频带分析仪中上下限频率的比值是 $\sqrt[3]{2}$，中心频率是上下限截止频率的几何中值。表 4-2 给出了常用的滤波器带宽。

表 4-2　滤波器通带的准确频率/Hz

通带号数	中心频数	1/3 倍频程滤波器带宽	1/1 倍频程滤波器带宽
14	25	22.4~28.2	
15	31.5	28.2~35.5	22.4~44.7
16	40	35.5~44.7	
17	50	44.7~56.2	
18	63	56.2~70.8	44.7~89.1
19	80	70.8~89.1	
20	100	89.1~112	
21	125	112~141	89.1~178

通带号数	中心频数	1/3 倍频程滤波器带宽	1/1 倍频程滤波器带宽
22	160	141～178	
23	200	178～224	
24	250	224～282	178～355
25	315	282～355	
26	400	355～447	
27	500	447～562	355～708
28	630	562～708	
29	800	708～891	
30	1000	891～1120	708～1410
31	1250	1120～1410	
32	1600	1410～1780	
33	2000	1780～2240	1410～2820
34	2500	2240～2820	
35	3050	2820～3550	
36	4000	3550～4470	2820～5620
37	5000	4470～5620	
38	6300	5620～7080	
39	8000	7080～8910	5620～11200
40	10000	8910～11200	
41	12500	11200～14100	
42	16000	14100～17800	11200～22400
43	20000	17800～22400	

上述的分析仪都是扫频式的，即被分析的信号在某一时刻只通过一个滤波器，故这种分析是逐个频带递次分析的，只适用于分析稳定的连续噪声，对于瞬时的噪声要用这种仪器分析测量时，必须先用记录器将信号记录下来，然后连续重放，使形成一个连续的信号再进行分析。

三、磁带记录仪

在现场测量中有时受到测试场地或供电条件的限制，不可能携带复杂的测试分析系统。磁带记录仪具有携带简便，直流供电等优点，能将现场信号连续不断地记录在磁带上，带回实验室重放分析。

测量使用的磁带记录仪除要求畸变小，抖动少，动态范围大外，还要求在 20～20000Hz 频率范围内（至少要求在所分析频带内），有平直的频率响应。

磁带记录仪的品种繁多，有的采用调频技术可以记录直流信号，有的本身带有声级计功能（传声器除外），有的具有两种以上的走带速度，近期开发的记录仪可达数十个通道，信号记录在专用的录像带上。

除了模拟磁带记录仪外，数字磁带记录仪在声和振动测量中也已广泛应用。它具有精度高、动态范围大、能直接与微机连接等优点。

为了能在回放时确定所录信号声压级的绝对值，必须在测量前后对测量系统进行校准。在磁带上录入一段校准信号作为基准值。在重放时所有的记录信号都与这个基准值比较，便可得到所录信号的绝对声压级。

对于多通道磁带记录仪，常常可以选定其中的一个通道来记录测试状态，以及测量者口述的每项测试记录的测量条件、仪器设置和其他相关信息。

四、读出设备

噪声或振动测量的读出设备是相同的，读出设备的作用是让观察者得到测量结果。读出设备的形式很多，最常用的有：将输出的数据以指针指示或数字显示的方式直接读出，目前，以数字显示居多，如声级计面板上的显示窗。另一种是将输出以几何图形的形式描画出来，如声级记录仪和 X-Y 记录仪。它可以在预印的声级及频率刻度纸上作迅速而准确的曲线图描绘，以便于观察和评定测量结果，并与频率分析仪作同步操作，为频率分析及响应等提供自动记录。需要注意的是，以上这些能读出幅值的设备，通常读出的是被测信号的有效值。但有些设备也能读出被测信号的脉冲值和幅值，还有一种是数字打印机，将输出信号通过模数转换（A/D）变成数字由打印机打出。此种读出设备常用于实时分析仪，用计算机操作进行自动测试和运算，最后结果由打印机打出。

五、实时分析仪

声级计等分析装置是通过开关切换逐次接入不同的滤波器来对信号进行频谱分析的。这种方法只适宜于分析稳态信号，需要较长的分析时间。对于瞬态信号则采用先由磁带记录，再多次反复重放来进行谱分析。显然，这种分析手段很不方便，迫切需要一种分析仪器能快速（实时）分析连续的或瞬态的信号。

实时分析仪经历了一段发展过程。早期在 20 世纪 60 年代研制的 1/3 倍频程实时分析仪是采用多挡模拟滤波器并联的方法来实现"实时"分析的。20 世纪 70 年代初出现的窄带实时分析仪兼有模拟和数字两种特征。随着大规模集成电路和信号处理技术的迅速发展，到 70 年代中期出现了全数字化的实时分析仪。

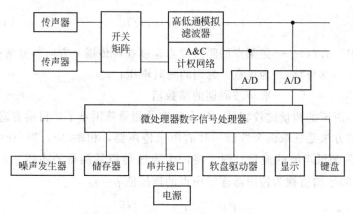

图 4-5 双通道实时分析仪原理框图

图 4-5 是一种双通道实时分析仪的原理框图。其核心是微处理器和数字信号处理器，传声器接收的信号经高、低通滤波器（或计权网络）后，由 A/D 采样转换成数字序列。然后，按照预先设置的分析模式运行相应的程序进行信号分析。一般可设置声级计模式、倍频程和分倍频程分析、FFT 分析、双通道相关分析和声强分析模式。

根据需要，可将分析结果进行实时显示、机内储存、软盘储存、打印输出或与外部微机联机处理。某些实时分析仪具有电容传声器输入的多芯插口，可以直接与电容传声器的前置放大器连接。

第二节　声强及声功率测量

声压是定量描述噪声的一个有用参量，但是用来描述声场的分布特性或声源的辐射特性，有时还显不够。为此提出声强测量和声功率测量。

一、声强测量及应用

在声场中某点处，与质点速度方向垂直的单位面积上在单位时间内通过的声能称为瞬时声强。它是一个矢量 $\boldsymbol{I} = p\boldsymbol{u}$。实际应用中，常用的是瞬时声强的时间平均值：

$$I_r = \frac{1}{T}\int_0^T p(t)u_r(t)\mathrm{d}t \qquad (4\text{-}2)$$

式中　$u_r(t)$——是某点的瞬时质点速度在声传播 r 方向的分量；

$\quad\quad\ p(t)$——为该点 t 时刻的瞬时声压；

$\quad\quad\ T$——取声波周期的整数倍。

声压的测量比较容易，质点速度的测量就困难了，目前普遍采用的方法是选取两个性能一致的声压传声器，相距 Δr，当 $\Delta r \ll \lambda$（λ 为测试声波的波长）时，将两个声压传声器测得的声压 p_A 和 p_B 的平均值视为传声器连线中点的声压值 $\overline{p}(t)$：

$$\overline{p}(t) \approx (p_A + p_B)/2$$

将 p_A 和 p_B 的差分值近似为声压在 r 方向的梯度，即

$$\frac{\partial p}{\partial r} \approx (p_B - p_A)/\Delta r$$

再由质点速度与声压间的关系式得到：

$$u_r \approx -\frac{p_B - p_A}{\rho_0 \Delta r}$$

于是运用加（减）法器、乘法器和积分器等电路模块，就可根据式(4-2)，求出声强平均值。

互功率谱方法也是计算声强的一种通用方法：将声压传声器测

得的声压信号 $p_A(t)$、$p_B(t)$ 进行傅里叶变换。得到 $p_A(\omega)$ 和 $p_B(\omega)$，然后求出声强 I_r 的频谱密度：

$$I_r(\omega) = \frac{1}{\rho_0 \omega \Delta r} I_m [R_{AB}]$$

式中　$R_{AB} = [p_A(\omega) \cdot p_B^*(\omega)]$ 称为互功率谱密度；

　　I_m——表示取其虚部；

　　$*$——表示复数共轭。

声强测量的用处很多，由于声强是一个矢量，因此声强测量可用来鉴别声源和判定它的方位，可以画出声源附近声能流动路线，可以测定吸声材料的吸声系数和墙体的隔声量，甚至在现场强背景噪声条件下，通过测量包围声源的封闭包络面上各面元的声强矢量求出声源的声功率。

目前，大致有以下三类声强测量仪器。

① 小型声强仪，它只给出线性的或 A 计权的单值结果，且基本上采用模拟电路。

② 双通道快速傅里叶变换（FFT）分析仪或其他实时分析仪，通过互功率谱计算声强。

③ 利用数字滤波器技术，由两个具有归一化 1/3 倍频程滤波器的双路数字滤波器获得声强的频谱。

如果只需要测量线性的或 A 计权的声强级，可以采用小型声强仪；如果需要进行窄带分析，而且在设备和时间上没有什么限制，可以采用互功率谱方法。

二、声功率的测量

声源的声功率是声源在单位时间内发出的总能量。它与测点离声源的距离以及外界条件无关，是噪声源的重要声学量。测量声功率有三种方法：混响室法、消声室或半消声室法、现场法。

国际标准化组织（ISO）提出 ISO 3740 系列的测量标准。相应的国家标准有 GB 6882—86，GB/T 3767—1996 和 GB/T 3768—1996。

1. 混响室法

混响室法是将声源放置混响室内进行测量的方法。混响室是一间体积较大（一般大于200m^3）、墙的隔声和地面隔振都很好的特殊实验室。它的壁面坚实光滑，在测量的声音频率范围内，壁面的反射系数大于0.98。室内离声源r点的声压级为

$$L_p = L_W + 10\lg\left[\frac{R_\theta}{4\pi r^2} + \frac{4}{R}\right](\text{dB}) \tag{4-3}$$

式中　L_W——声源的声功率级；

$\quad\quad R_\theta$——声源的指向性因数；

$\quad\quad R$——房间常数，$R = \dfrac{S\bar{\alpha}}{1-\bar{\alpha}}$；

$\quad\quad S$——混响室内各面的总面积；

$\quad\quad \bar{\alpha}$——其平均吸声系数。

在混响室内只要离开声源一定的距离，即在混响场内，表征混响声的$4/R$将远大于表征直达声的$R_\theta/4\pi r^2$。于是近似有

$$L_p = L_W + 10\lg\left[\frac{4}{R}\right](\text{dB})$$

考虑到混响场内的实际声压级不是完全相等的，因此必须取几个测点的声压级平均值$\overline{L}_p$。

由此可以得到被测声源的声功率级为

$$L_W = \overline{L}_p - 10\lg\left[\frac{4}{R}\right](\text{dB}) \tag{4-4}$$

2. 消声室法

消声室法是将声源放置在消声室或半消声室内进行测量的方法。消声室是另一种特殊实验室，与混响室正好相反，内壁装有吸声材料，能吸收98%以上的入射声能。室内声音主要是直达声而反射声极小。消声室内的声场，称为自由场。如果消声室的地面不铺设吸声面，而是坚实的反射面，则称为半消声室。

测量时设想有一包围声源的包络面，将声源完全封闭其中，将包络面分为n个面元，每个面元的面积为ΔS_i，测定每个面元上的声压级L_{pi}并依据式(4-4)导得

$$L_W = \overline{L}_p + 10\lg S_0(\text{dB}) \tag{4-5}$$

其中，包络面总面积：

$$S_0 = \sum_{i=1}^{n} \Delta S_i$$

平均声压级：

$$\overline{L}_p = 10\lg\left[\frac{1}{n}\sum_{i=1}^{n}10^{0.1L_{pi}}\right]$$

3. 现场测量法

现场测量法是在一般房间内进行的，分为直接测量和比较测量两种。这两种方法测量结果的精度虽然不及实验室测得的结果准确，但可以不必搬运声源。

（1）直接测量法　与消声室法一样，也设想一个包围声源的包络面，然后测量包络面各面元上的声压级。不过在现场测量中声场内存在混响声，因此要对测量结果进行必要的修正，修正值 K 由声源的房间常数 R 确定：

$$L_W = \overline{L}_p + 10\lg S_0 - K\,(\text{dB}) \tag{4-6}$$

式中　$\overline{L}_p$——平均声压级；

S_0——包络面总面积。

修正值 　　　　$$K = 10\lg\left(1 + \frac{4S_0}{R}\right)(\text{dB})$$

由房间的混响时间 T_{60}，也可得到修正值：

$$K = 10\lg\left(1 + \frac{S_0 T_{60}}{0.04V}\right)(\text{dB})$$

式中　V——间的体积。可见房间的吸声量越小，修正值越大。

当测点处的直达声与混响声相等时，$K = 3$。K 越大，测量结果的精度越差。为了减小 K 值，可适当缩小包络面，即将各测点移近声源；或者临时在房间四周放置一些吸声材料，增加房间的吸声量。

补充说明一下，混响时间 T_{60} 表示声音混响程度的参数量，当室内声场达到稳态，声源停止发声后，声压级降低 60dB 所需要的时间称为混响时间，记作 T_{60} 或 RT，单位是秒（s）。混响时间是

83

目前音质设计中能定量估算的重要评价指标。它直接影响厅堂音质的效果。房间的混响长短是由它的吸音量和体积大小所决定的，体积大且吸音量小的房间，混响时间长，吸音量大且体积小的房间，混响时间就短。混响时间过短，声音发干，枯燥无味，不亲切自然；混响时间过长，会使声音含混不清；合适时声音圆润动听。

（2）比较测量法　在实验室内按规定的测点位置预先测定标准声源（一般可用宽频带的高声压级风机，国内外均有产品）的声功率级。在现场测量时，首先仍按上述规定的测点布置测量待测声源的声压级，然后将标准声源放在待测声源位置附近，停止待测声源，在相同测点再次测量标准声源的声压级。于是，可得待测声源的声压级：

$$L_W = L_{W_s} + (\overline{L}_p - \overline{L}_{ps}) \qquad (4\text{-}7)$$

式中　L_{W_s}——标准声源的声功率级；

　　　$\overline{L}_p$——待测声源现场测量的平均声压级；

　　　$\overline{L}_{ps}$——标准声源现场替代测量的平均声压级。

第三节　环境噪声监测方法

环境噪声不论是空间分布还是随时间的变化都很复杂，要求监测和控制的目的也各不相同，因此对于不同的噪声可采用不同的监测方法。

一、声环境功能区噪声测量

为评价不同声功能区昼间、夜间的声环境质量，了解功能区环境噪声的时空分布特征，需对不同声功能区环境噪声进行测量，测量要求如下。

测量仪器精度为Ⅱ型及Ⅱ型以上的积分平均声级计或环境噪声自动监测仪，其性能符合 GB 3785 和 GB/T 17181 的规定，并定期校验。测量前后必须在测量现场进行声学校准，前后校准示值偏差不得大于 0.5dB，否则测量结果无效。校准所用仪器应符合 GB/T 15173 对Ⅰ级或Ⅱ级声校准的要求。测量时传声器应加风罩。

测量应在无雨雪、无雷电天气，风速为5m/s以下时进行。

根据监测对象和目的，可选择以下三种测点条件（指传声器所置位置）进行环境噪声的测量：①一般户外，距离任何反射物（地面除外）至少3.5m外测量，距地面高度1.2m以上。必要时可置于高层建筑上，以扩大监测受声范围。使用监测车辆测量，传声器应固定在车顶部1.2m高度处。②在噪声敏感建筑物户外，距墙壁或窗户1m处，距地面高度1.2m以上。③噪声敏感建筑物室内，距离墙面和其他反射面至少1m，距窗约1.5m处，距地面1.2～15m高。

测量记录内容应包括：日期、时间、地点及测定人员；使用仪器型号、编号及其校准记录；测定时间内的气象条件（风向、风速、雨雪天气状况）；测量项目及测量结果；测量依据标准；测点示意图；声源及运行工况说明（如交通噪声测量的交通流通量等）；其他应记录的事项。

有两种测量方法：定点监测法和普查监测法。

1. 定点监测法

选择能反映各类功能区声环境质量特征的监测点1至若干个，进行长期定点监测，每次测量的位置高度要保持不变。

对于0、1、2、3类声环境功能区，该监测点为户外长期稳定、距地面高度为声场空间分布的可能最大值处，其位置应能避开反射面和附近的固定噪声源；4类声环境功能区监测点设于4类区内第一排噪声敏感建筑物户外交通噪声空间垂直分布的可能最大处。

声环境功能区监测每次至少进行一昼夜24小时的连续监测，得出每小时及昼间、夜间的等效 L_{eq}、L_d、L_n 和最大声级 L_{max}。用于噪声分析目的的，可适当增加监测项目，如累积百分声级 L_{10}、L_{50}、L_{90} 等。监测应避开节假日和非正常工作日。

各监测点位测量结果独立评价，以昼间等效声级和夜间等效声级作为评价各监测点位声环境质量是否达标的基本依据。一个功能区设有多个测点时，应按点次分别统计昼间、夜间的达标率。

全国重点环保城市以及其他有条件的城市和地区宜设置环境噪

声自动监测系统，进行不同声环境功能区监测点的连续自动监测。环境噪声自动监测系统主要由自动监测子站和中心站及通信系统组成，其中自动监测子站由全天候户外传声器、智能噪声自动监测仪、数据传输设备等构成。

2. 普查监测法

（1）0～3类声环境功能区普查监测　将要普查监测的某一声环境功能区划分成若干个等大的正方格，网格要完全覆盖住被普查的区域，且有网格总数应多于100个。以网格中心为测点，测点条件为一般户外条件。监测分别在昼间工作时间和夜间22：00～24：00（时间不足可顺延）进行。每次每个测点测量10min的连续等效A声级L_{eq}。同时记录噪声主要来源。监测应避开节假日和非正常工作日。

将全部网格中心测点测得的10min的等效声级做算术平均运算，所得到的平均值代表某一声环境功能区的总体环境噪声水平，并计算标准偏差。

根据每个网格中心的噪声值及对应的网格面积，统计不同噪声影响水平的面积百分比，以及昼间、夜间的达标面积比例。有条件可估算受影响人口。

（2）4类声环境功能区普查监测　以自然路段、站场、河段等为基础，考虑交通运行特征和两侧噪声敏感建筑物分布情况，划分典型路段（包括河段）。在每个典型路段对应的4类区边界上（指4类区内无噪声敏感建筑物存在时）或第一排噪声敏感建筑物外（指4类区内有噪声敏感建筑物存在时）选择1个测点进行噪声监测。这些测点应与站、场、码头、岔路口、河流汇入口等相隔一定距离，避开这些点的噪声干扰。

监测分昼、夜两个时段进行。分别测量如下规定时间内的等效声级L_{eq}和交通流量，对铁路、城市轨道交通线路（地面段），应同时测量最大声级L_{max}，对道路交通噪声应同时测量累积百分声级L_{10}、L_{50}、L_{90}。

根据交通类型的差异，规定的测量时间为：铁路、城市轨道交通线路（地面段）、内河航道两侧：昼、夜各测量不低于平均运行密度的1h，若城市轨道交通线路（地面段）的运行车次密集，测量时间可缩短至20min。高速公路、一级公路、二级公路、城市快速路、城市主干路、城市次干路两侧：昼、夜各测量不低于平均运行密度的20min值。监测应避开节假日和非正常工作日。

将某条交通干线各典型路段测得的噪声值，按路段长度进行加权算术平均，以此得出某条交通干线两侧4类声环境功能区的环境噪声平均值。也可对某一区域内的所有铁路、确定为交通干线的道路、城市轨道交通（地面段）、内河航道按前述方法进行长度加权统计，得出针对区域某一交通类型的环境噪声平均值。根据每个典型路段的噪声值及对应的路段长度，统计不同噪声影响水平下的路段百分比，以及昼间、夜间的达标路段比例。有条件可估算受影响人口。对某条交通干线或某一区域某一交通类型采取抽样测量的，应统计抽样路段比例。

二、道路交通噪声测量

根据国标 GB/T 3222—94《声学——环境噪声测试方法》的规定，测量道路交通噪声的测点应选在市区交通干线一侧的人行道上，距马路沿20cm处，此处距两交叉路口应大于50m。交通干线是指机动车辆每小时流量不小于100辆的马路。这样该测点的噪声可用来代表两路口间该段马路的噪声。同时记录不同车种车流量（辆/h）。测量结果可参照有关规定绘制交通噪声污染图，并以全市各交通干线的等效声级和统计声级的算术平均值、最大值和标准偏差来表示全市的交通噪声水平，并用作城市间交通噪声的比较。交通噪声的等效声级和统计声级的平均值应采用加权算术平均式来计算。

交通噪声的声级起伏一般能很好地符合正态分布，这时等效声级可用式(3-10)近似计算。为慎重起见，一般常用作正态概率坐标图的方法来验证声级的起伏是否符合正态分布。

三、机动车辆噪声测量方法

交通噪声是城市噪声的主要污染源。而交通噪声的声源是机动车辆本身及其组成的车流。由于车辆噪声随行驶状况不同会有变化，因此测定的车辆噪声级，既要反映车辆的特性，又要代表车辆行驶的常用状况。国标 GB 1496—79《机动车辆噪声测量方法》和 GB/T 14369—93《声学——机动车辆定置噪声测量方法》具体规定了机动车辆的车外噪声、车内噪声和定置噪声的测试规范。

对城市环境密切相关的是车辆行驶时的车外噪声。车外噪声测量需要平坦开阔的场地。在测试中心周围 25m 半径范围内不应有大的反射物。测试跑道应有 20m 以上平直、干燥的沥青路面或混凝土路面，路面坡度不超过 0.5%。

测试话筒位于 20m 跑道中心 0 点两侧，各距中线 7.5m，距地面高度 1.2m，用三脚架固定（图 4-6）。话筒平行于路面，其轴线垂直于车辆行驶方向。本底噪声（包括风噪声）至少应比所测车辆噪声低 10dB，为了避免风噪声干扰，可采用防风罩。声级计用 A 计权，"快"挡读取车辆驶过时的最大读数。测量时要避免测试人员对读数的影响。各类车辆按测试方法所规定的行驶挡位分别以加速和匀速状态驶入测试跑道。同样的测量往返进行一次。车辆同侧

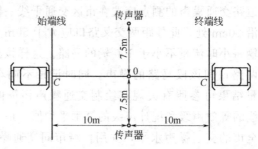

图 4-6 机动车辆噪声测试位置

两次测量结果之差不应大于 2dB。若只用一个声级计测量，同样的测量应进行 4 次，即每侧测量 2 次。取每侧 2 次声级的平均值中最大值作为被测车辆的最大噪声级。

车内噪声主要是影响驾驶人员对车外声音信号的识别和车内人员的舒适性，而对环境影响不大。定置噪声测量则主要用来分析鉴别车辆各部位的噪声源。对这两种测量方法在此不作详细介绍。

四、航空噪声测量

1. 航空噪声测量的类型

航空噪声测量主要有：飞机的噪声检测；测量单个飞行事件的噪声；测量一系列飞行事件引起的噪声等内容。国际标准 ISO 3891 "表述地面听到飞机噪声的方法"、国家标准 GB 9661—88《机场周围飞机噪声测量方法》和国际民航组织（ICAO）《航空器噪声》有关规定都详细叙述了航空噪声的测量方法。

测量飞机噪声用 D 计权，飞机噪声的基本评价量是感觉噪声级 L_{PN}。其他评价量都是由 L_{PN} 演变而得。

2. 航空噪声测量条件

气候条件应无雨、无雪，地面上 10m 高处的风速不大于 5m/s，相对湿度不超过 90%；测量传声器应为无指向性的，安装地点应开阔、平坦，传声器离地面 1.2m，被测飞机噪声最大值至少超过背景噪声 20dB。

（1）飞机的噪声检测　国际民航组织（ICAO）规定了三个测量点，即起飞、降落和边线测量点。起飞测量点在跑道的中心线上，沿起飞方向离飞机起飞点 6km 处；降落测量点亦在跑道中心线上，沿降落方向离降落点 2km 处；边线测量点离跑道边 0.65km 处，且与飞机降落点和起飞时离地点距离相同的位置。

（2）测量单个飞行事件的噪声　飞机场周围单架飞机的噪声用最大感觉噪声级 $L_{PN_{max}}$ 和有效感觉噪声级 EPNL（或 L_{EPN}）表示。

当飞机飞过测量点上空，由记录设备得到 $L_{D_{max}}$ 和 $t_2 \sim t_1$，$L_{D_{max}}$ 是最大 D 声级，$t_2 \sim t_1$ 是由记录设备导出的 D 计权声级在最大值下降 10dB 的那个间隔上开始时刻和最终时刻之间的时间间隔，有效感觉噪声声级 EPNL 由下式求得：

$$EPNL = L_{PN_{max}} + 10\lg \frac{t_2 - t_1}{2T_0} (dB) \tag{4-8}$$

式中，$T_0 = 10s$。感觉噪声级 L_{PN} 与 D 声级 L_D 之间有近似的固定差值，即

$$L_{PN} = L_D + 6.6 (dB) \tag{4-9}$$

89

（3）测量相继一系列飞行事件的噪声级：在单个飞行事件的噪声级的基础上，计算相继 N 次事件所引起的噪声级，它是 N 个有效感觉噪声的能量平均值。对某一个测量点通过 N 次飞行的有效感觉噪声级的能量平均值为

$$\overline{\text{EPNL}} = 10\lg\left(\frac{1}{N}\sum_{i=1}^{N}10^{\text{EPNL}_i/10}\right)(\text{dB}) \tag{4-10}$$

式中　EPNL_i——某一次飞行的有效感觉噪声级。

（4）在一段监测时间内测量飞行事件所引起的噪声：在某一监测点或评价位置，我国国家标准以计权有效连续感觉噪声级 WECPNL 为飞机噪声的评价量，它的计算公式为

$$\text{WECPNL} = \overline{\text{EPNL}} + 10\lg(N_1 + 3N_2 + 10N_3) - 39.4(\text{dB})$$
$$\tag{4-11}$$

式中　$\overline{\text{EPNL}}$——在评价时间内 N 次飞行的有效感觉噪声级的能量平均值；

　　　N_1——评价时间内白天的飞行次数；

　　　N_2——评价时间内傍晚的飞行次数；

　　　N_3——评价时间内夜间的飞行次数。

一天内三段时间的具体划分由当地政府决定。评价时间可以是一昼夜 24h，一星期或更长时间，视航运班次能重复的周期而定。

第四节　工业企业噪声测量

工业企业噪声问题分为两类：一类是工业企业内部的噪声，另一类是工业企业对外界环境的影响。内部噪声又分为生产环境噪声和机器设备噪声。

一、生产环境噪声测量

国家标准 GBJ 87—85《工业企业噪声控制设计规范》规定生产车间及作业场所工人每天连续接触噪声 8h 的噪声限制值为 90dB。这个数值是指工作人员在操作岗位上的噪声级。

测量时传声器应置于工作人员的耳朵附近，测量时工作人员应

从岗位上暂时离开，以避免声波在工作人员头部引起的散射声使测量产生误差。对于流动的工种，应在流动的范围内选择测点，高度与工作人员耳朵的高度相同，求出测量值的平均值。

对于稳定噪声只测量 A 声级，如果是不稳定的连续噪声，则在足够长的时间内（能够代表 8h 内起伏状况的部分时间）取样，计算等效连续 A 声级 L_{eq}。如果用积分声级计，就可以直接测定规定时间内的噪声暴露量。对于间断性的噪声，可测量不同 A 声级下的暴露时间，计算 L_{eq}。将 L_{eq} 从小到大顺序排列，并分成数段，每段相差 5dB，以其算术中心表示为 70dB，75dB，80dB，…，115dB，如 70dB 表示 68～72dB，75dB 表示 73～77dB，以此类推。然后将一个工作日内的各段声级暴露时间进行统计。

车间内部各点声级分布变化小于 3dB 时，只需要在车间选择 1～3 个测点；若声级分布差异大于 3dB，则应按声级大小将车间分成若干区域，使每个区域内的声级差异小于 3dB，相邻两个区域的声级差异应大于或等于 3dB，并在每个区域选取 1～3 个测点。这些区域必须包括所有工人观察和管理生产过程而经常工作活动的地点和范围。

二、机器噪声的现场测量

机器噪声的现场测量应遵照各有关测试规范进行（包括国家标准、部颁标准、行业规范），必须设法避免或减小环境的背景噪声和反射声的影响，如使测点尽可能接近机器声源；除待测机器外尽可能关闭其他运转设备；减少测量环境的反射面；增加吸声面积等。对于室外或高大车间内的机器噪声，在没有其他声源影响的条件下，测点可选得远一点，一般情况可按如下原则选择测点：

小型机器（外形尺寸小于 0.3m），测点距表面 0.3m；

中型机器（外形尺寸在 0.3～1m），测点距表面 0.5m；

大型机器（外形尺寸大于 1m），测点距表面 1m；

特大型机器或有危险性的设备，可根据具体情况选择较远位置为测点。

测点数目可视机器的大小和发声部位的多少选取 4，6，8 个等。测点高度以机器半高度为准或选择在机器轴水平线的水平面上，传声器对准机器表面，测量 A、C 声级和倍频带声压级，并在相应测点上测量背景噪声。

对空气动力性的进、排气噪声测点应取在吸气口轴线上，距管口平面 0.5m 或 1m（或等于一个管口直径）处；排气噪声测点应取在排气口轴线 45°方向上或管口平面上，距管口中心 0.5m，1m 或 2m 处，见图 4-7。进、排气噪声应测量 A、C 声级和倍频程声压级，必要时测量 1/3 倍频程声压级。

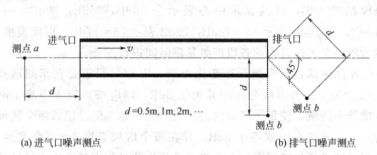

(a) 进气口噪声测点　　　　　　　　　　　　(b) 排气口噪声测点

图 4-7　进、排气噪声测量点位置示意图

机器设备噪声的测量，由于测点位置的不同，所得结果也不同，为了便于对比，各国的测量规范对测点的位置都有专门的规定，有时由于具体情况不能按照规范要求布置测点时，则应注明测点的位置，必要时还应将测量场地的声学环境表示出来。

三、厂界噪声测量

《工业企业厂界环境噪声排放标准》（GB 12348—2008），规定了工业企业和固定设备厂界环境噪声排放限值及测量方法。适用于工业企业噪声排放的管理、评价及控制。机关、事业单位、团体等对外环境排放噪声的单位也按本标准执行。

1. 测量仪器

测量仪器为积分平均声级计或环境噪声自动监测仪，其性能应不低于 GB 3785 和 GB/T 17181 对 Ⅱ 型仪器的要求。测量 35dB 以下的噪声应使用 Ⅰ 型声级计。校准所用仪器应符合 GB/T 15173 对

Ⅰ级或Ⅱ级声校准的要求。当需要进行噪声的频谱分析时，仪器性能应符合 GB/T 3241 中对滤波器的要求。

测量仪器和校准仪器应一期检定合格，并在有效使用期限内使用；每次测量前后必须在测量现场进行声学校准，前后校准示值偏差不得大于 0.5dB，否则测量结果无效。

传声器应加风罩。测量时仪器时间计权特性设为"F"挡，采样时间间隔不大于 1s。

2. 测量条件

测量应在无雨雪、无雷电天气，风速为 5m/s 以下时进行。不得不在特殊气象条件下测量时，应采取必要措施保证测量准确性，同时注明当时所采取的措施及气象情况。测量应在被测声源正常工作时间进行，同时注明当时工况。

3. 测点位置

根据工业企业声源、周围噪声敏感建筑物的布局以及毗邻的区域类别，在工业企业厂界布设多个测点，其中包括距噪声敏感建筑物较近及受被测声源影响大的位置。

一般情况下，测点应选在工业企业厂界外 1m，高度 1.2m 以上、距任一反射面距离不小于 1m 的位置。当厂界有围墙且周围有受影响的噪声敏感建筑物时，测点应选在厂界外 1m、高于围墙 0.5m 以上的位置。当厂界无法测量到声源的实际情况时（如声源位于高空、厂界设有声屏障等），还应在受影响的噪声敏感建筑物户外 1m 处另设测点。室内噪声测量时，室内测量点位设在距任一反射面至少 0.5m 以上、距地面 1.2m 高度处，在受噪声影响方向的窗户开启状态下测量。固定设备结构传声至噪声敏感建筑物室内，在噪声敏感建筑室内测量时，测点应距任一反射面至少 0.5m 以上、距地面 1.2m 以上，窗户关闭状态下测量。被测房间内的其他可能干扰测量的声源（如电视机、空调机、排风扇以及镇流器较响的日光灯、运转时出声的时钟等）应关闭。

4. 测量时段

分别在昼间、夜间两个时段测量。夜间有频发、偶发噪声影响时同时测量最大声级。被测声源是稳态噪声，采用 1min 的等效声级。被测声源是非稳态噪声，测量被测声源有代表性时段的等效声级，必要时测量被测声源整个正常工作时段的等效声级。

5. 背景噪声测量

测量环境：不受被测声源影响且其他声环境与测量被测声源时保持一致。

测量时段：与被测声源测量的时间长度相同。

6. 测量记录

噪声测量时需做测量记录。记录内容应主要包括：被测量单位名称、地址、厂界所处声环境功能类别、测量时气象条件、测量仪器、校准仪器、测量位置、测量时间、测量时段、仪器校准值（测前、测后）、主要声源、测量工况、示意图（厂界、声源、噪声敏感建筑物、测点等位置）、噪声测量值、背景值、测量人员、校对员、审核人等相关信息。

7. 测量结果修正

噪声测量值与背景噪声值相差大于 10dB（A）时，噪声测量值不做修正。若测量值与背景值差值小于 10dB，应按表 4-3 进行修正。

表 4-3　测量结果修正表/dB（A）

差　值	3	4～5	6～10
修正值	−3	−2	−1

第五节　振动及其测量方法

在振动研究中有三个重要的物理量，即振动位移、振动速度和振动加速度。三者之间存在简单的关系。

振动位移：$\xi = A\cos(\omega t + \varphi)$

振动速度：$v = \dfrac{\mathrm{d}\xi}{\mathrm{d}t} = -A\omega\sin(\omega t + \varphi)$

振动加速度： $a = \dfrac{\mathrm{d}v}{\mathrm{d}t} = -A\omega^2\cos(\omega t + \varphi)$

对一般的时间平均测量而言，若忽略这三个物理量之间的相位关系，则对于确定的频率，三个物理量之间存在着以下的简单关系：可将振动加速度同正比于频率的系数相除而得到振动速度，将振动加速度同正比于频率平方的系数相除而得到振动位移。在测量仪器中可通过积分过程来实现这种运算。

测量振动用的传感器可以是位移传感器、速度传感器或加速度传感器。使用最普遍的是压电加速度传感器。它具有体积小、重量轻、频响宽、稳定性好、耐高温、耐冲击、无须参考位置等优点。

振动测量系统与声学测量系统的主要区别是将加速度计及其前置放大器来代替电容传声器和传声器前置放大器。所以一般测量声信号的声级计和实时分析仪都可以非常方便地用来测量振动量。

一、加速度计

加速度计是一种机电传感器，其核心是压电元件，通常是由压电陶瓷经人工极化制成的。这些压电元件能产生与作用力成正比的电荷。图 4-8 是加速度计的内部结构。压电元件以质量块为负载。当加速度计受到振动时，质量块把正比于加速度的力作用在压电元件上，则在输出端产生正比于加速度的电荷或电压。

加速度计的主要技术参数有频率特性、灵敏度、重量和动态范围等。在使用加速度计进行测量时应注意以下几点。

① 加速度计须妥帖、牢固地安装在被测物体表面。

② 加速度计的引出电缆应贴在振动面上，不宜任意悬空。电缆离开振动面的位置最好选在振动最弱的部位。

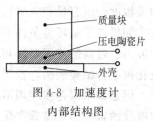

图 4-8　加速度计
内部结构图

③ 应选用质量较轻的加速度计，以免影响被测物体的振动特性。

但要保证所选加速度计的动态范围应高于被测物体的最大加速

度。常用加速度计允许的使用温度上限为250℃，高温条件会使压电陶瓷退极化。

二、前置放大器

加速度计的输出阻抗较高，如将输出信号直接馈送负载，即使是高阻抗的负载，也会大大降低加速度计的灵敏度，并使它的频率特性受到限制。为了消除这种影响，加速度计的输出信号要先通过一个具有高输入阻抗和低输出阻抗的前置放大器，再同具有较高输入阻抗的测量分析仪器相连，除了阻抗变换功能外，大多数前置放大器还具有可变放大倍数，以及信号适调（微调）的功能。

由于集成电路技术的迅速发展，自20世纪70年代开始研制生产将压电传感器与电子线路安装在一起的集成式压电—电子传感器。加速度计内部装有微型电荷变换器，由测量仪器提供恒定电流。典型的供电电流（直流）为22V，4mA。

这种加速度计可直接输出高电平低阻抗的信号，供电和信号输出共用一根电缆，但信号输出端需加隔直电容，使信号电压与供电直流偏压隔离。

集成式压电—电子传感器的优点是不需要外部前置放大器，可使用百多米长的连接电缆。缺点是测量范围和适用温度范围较窄，难以承受加速度大于5000g的大冲击。

三、灵敏度校准

加速度计的制造厂家均提供每只加速度计的校准卡，给出产品的灵敏度、电容量和频率特性等数据。

如果在正常环境条件下保存加速度计，并在使用时不遭受过量的冲击、过高的使用温度和放射剂量，加速度计的特性在长时期内变化极小。试验表明，数年之中的变化值小于2%。

但是如果保存或使用不当，例如受到跌落或强冲击，就会使加速度计的特性发生显著变化，甚至会造成永久性的损坏。因此，应定期进行灵敏度校准检验。

最方便的校准方法是使用校准激励器（加速度校准器）。它能提供频率确定的正弦振动，振动加速度的峰值精确地保持在10

m/s² (1.02g)。它也可以用来校准测量系统所测振动信号的速度和位移的均方值及峰值。校准精度可在±2%之内。

另一种校准方法是选用一只灵敏度已知的参考加速度计，与待校准的加速度计一起安装在振动台上。当振动台激励时，两只加速度计的输出值正比于各自的灵敏度，从而可以确定待测加速度计的灵敏度。

四、振动测量仪器

振动测量可以使用常用的声学测量仪器或专用的振动计。

1. 声学仪器测量

使用声学仪器进行振动测量时，需通过各种适配器将加速度计的输出信号连接到仪器的传声器输入插口，有些声学仪器本身带有BNC插孔，就可省去转接适配器。用声学仪器测量振动信号时需要注意几点不同之处。

① 声学测量的下限截止频率大多置于 10Hz，而振动测量的下限截止频率需要置于 2Hz。

② 振动量的单位通常采用绝对值而不是分贝，两者之间需要进行换算。

③ 声学测量中所使用的 A、B、C、D 主观评价计权网络是根据人耳的特性而确定的。在振动测量中需要另外的专用计权网络。

2. 振动计测量

振动计是专门设计来测量振动信号的。加速度计连接到输入阻抗为数千兆欧的电荷放大器输入端。电荷放大器的输出信号可直接馈送给高、低通滤波器，也可先馈送给积分器（测量速度或位移），再送给高低通滤波器。仪器的典型频响范围为 2Hz～200kHz。振动计还配有振动测量专用的计权网络，具有"外接滤波器"、"交流输出"、"直流输出"等功能。

振动计的显示方式有表头指示、数码显示、打印输出等不同形式。根据需要可对振动信号应用 FFT 分析、相关分析和其他各种信号处理分析技术。

习　题

1. 试述声级计的构造、工作原理及使用方法。

2. ① 每一个倍频程带包括几个 1/3 倍频程带？

② 如果每一个 1/3 倍频程带有相同的声能，则一个倍频程带的声压级比一个 1/3 倍频程带的声压级大多少分贝？

3. 测量置于刚性地面上某机器的声功率级时，测点取在半球面上，球面半径为 4m，若将半球面分成面积相等的 8 个面元，测得各个面元上的 A 声级为：

面元	1	2	3	4	5	6	7	8
A 声级/dB	75	73	77	68	80	78	78	70

试求该机器的声功率级。

4. 在空间某处测得环境背景噪声的倍频程声压级：

F_c/Hz	63	125	250	500	1000	2000	4000	8000
L_p/dB	90	97	99	83	76	65	84	72

求其线性声压级和 A 计权声压级。

5. 在铁路旁某处测得：当货车经过时，在 2.5min 内的平均声压级为 72dB；客车通过时在 1.5min 内的平均声压级为 68dB；无车通过时的环境噪声约为 60dB；该处白天 12h 内共有 65 列火车通过，其中货车 45 列、客车 20 列，计算该地点白天的等效连续声级。

第五章 环境噪声影响评价

第一节 环境噪声影响评价的目的和意义

为防治环境噪声污染,保障人们有一个良好的生活、工作、学习环境,保护人体健康,确保经济和社会的可持续发展,《中华人民共和国环境保护法》、《中华人民共和国环境噪声污染防治法》和《建设项目环境保护管理办法》规定了建设项目环境影响评价申报制度,这是贯彻"以防为主,防治结合"方针的重要一环。它要求环境噪声控制技术和管理的研究具有超前性,以社会经济和科技发展为依据,对环境影响进行预测,展望人类活动可能出现的对环境影响的性质、范围和程度,提出系统控制手段和防治技术对策,即应用自然科学和社会科学有关学科的原理和方法,采用系统分析法,包括环境评价、规划、管理和治理对策,从区域的整体出发,进行环境噪声污染综合治理,并寻求解决环境问题的最佳方案,以达到改善声环境质量的目的,尤其是控制了新的污染源,避免了以往先污染后治理带来的严重后果和经济上的巨大损失。

为此,国家环境保护部颁布了《环境影响评价技术导则——声环境》,规定了评价的一般性原则、方法、内容及要求,适用于厂矿企业、事业单位建设项目环境影响评价。其他建设项目的噪声环境影响评价亦应参照执行,如民用建设工程,则主要为周围环境污染源对其影响的评价。

第二节 环境噪声影响评价工作程序和内容

一、评价工作程序

环境噪声影响评价工作程序如图 5-1 所示。

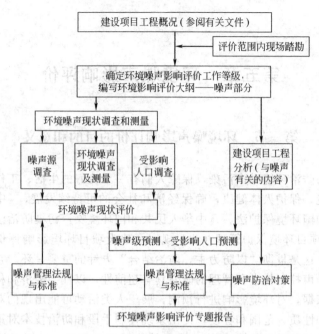

图 5-1 环境噪声影响评价工作程序

二、评价工作方法

1. 环境噪声影响评价工作等级划分基本原则

（1）环境噪声影响评价工作等级划分依据：①投资额划分建设项目规模（大、中、小型建设项目）；②噪声源的种类及数量；③项目建设前后噪声级的变化程度；④建设项目噪声有影响范围内的环境保护目标、环境噪声标准和人口分布。

（2）环境噪声影响评价工作等级划分的基本原则；噪声评价工作等级一般分为三级，划分的基本原则如下。

① 对于大、中型建设项目，属于规划区内的建设工程，或受噪声影响的范围内有适用于 GB 3096—2008 规定的 0 类声环境功能区，以及对噪声有限制的保护区等噪声敏感目标；项目建设前后噪声级有显著增高（噪声级增高量达 5～10dB 或以上），或受影响人口显著增多的情况，应按一级评价进行工作。

100

② 对于新建、扩建及改建的大、中型建设项目，若其所在功能区属于适用于 GB 3096—2008 规定的 1 类、2 类声环境功能区，或项目建设前后噪声级有较明显增高（增高量达 3～5dB），或受噪声影响人口增加较多的情况，应按二级评价进行工作。

③ 对处在适用于 GB 3096—2008 规定的 3 类声环境功能区及以上的地区（指允许的噪声标准值为 65dB 及以上的区域）的中型建设项目以及处在 GB 3096—2008 规定的 1 类、2 类声环境功能区的小型建设项目，或大、中型建设项目建设前后噪声级增加很小（增高量在 3dB 以内）且受影响人口变化不大的情况，应按三级评价进行工作。

对于处在非敏感区的小型建设项目，噪声评价只填写"环境影响报告表"中相关的内容。

2. 环境噪声影响评价工作基本要求

（1）一级评价工作基本要求

① 环境噪声现状应实测。

② 噪声预测要覆盖全部敏感目标，绘出等声级图并给出预测噪声级的误差范围。

③ 给出项目建成后各档噪声级范围内受影响的人口分布、噪声超标的范围和程度。

④ 对噪声级变化可能出现几个阶段的情况（如建设期、投产后的近期、中期、远期）应分别给出其噪声级。

⑤ 项目可能引起的非项目本身的环境噪声增高（如城市通往机场的道路噪声可能因机场的建设而增高）也应给予分析。

⑥ 对评价中提出的不同选址方案、建设方案等对策所引起的声环境变化应进行定量分析。

⑦ 必须针对建设项目工程特点提出噪声防治对策，并进行经济、技术可行性分析，给出最终降噪效果。

（2）二级评价工作基本要求

① 环境噪声现状以实测为主，可适当利用当地已有的环境噪声监测资料。

② 噪声预测要给出等声级图并给出预测噪声级的误差范围。

③ 描述项目建成后各档噪声级范围内受影响的人口分布、噪声超标的范围和程度。

④ 对噪声级变化可能出现的几个阶段，选择噪声级最高的阶段进行详细预测，并适当分析其他阶段的噪声级。

⑤ 必须针对建设工程特点提出噪声防治措施并给出最终降噪效果。

（3）三级评价工作基本要求

① 噪声现状调查可着重调查清楚现有噪声源的种类和数量，其噪声级数据可参考已有资料。

② 预测以现有资料为主，对项目建成后噪声级分布作出分析并给出受影响的范围和程度。

③ 要针对建设工程特点提出噪声防治措施并给出效果分析。

3. 环境影响评价大纲——噪声部分

环境影响评价大纲中的噪声部分应包括下列内容。

① 建设项目概况（主要论述与噪声有关的内容，如主要噪声源种类、数量、噪声特性分析等）。

② 噪声评价工作等级和评价范围。

③ 采用的噪声标准、噪声功能区和其他保护目标所执行的标准值。

④ 噪声现状调查和测量方法，包括测量范围、测点分布、测量仪器、测量时段等。

⑤ 噪声预测方法，包括预测模型、预测范围、预测时段及有关参数的估值方法等。

⑥ 不同阶段的噪声评价方法和对策。

4. 环境噪声评价量

噪声源评价量可用声压级或倍频带声压级、A 计权声级、声功率级、A 计权声功率级。

对于稳态噪声（如常见的工业噪声），一般以 A 计权声级为评价量；对于声级起伏较大（非稳态噪声）或间歇性噪声（如公路噪声、铁路噪声、港口噪声、建筑施工噪声）以等效连续 A 声级（L_{eq}，dB）为评价量；对于机场飞机噪声以计权等效连续感觉噪声级（WECPNL，dB）为评价量。

5. 环境噪声影响的评价范围

环境噪声影响的评价范围一般根据评价工作等级确定。

① 对于建设项目包含多个呈现点声源性质的情况（如工厂、港口、施工工地、铁路的站场等），该项目边界往外 200m 内的评价范围一般能满足一级评价的要求；相应的二级和三级评价的范围可根据实际情况适当缩小。若建设项目周围较为空旷而较远处有敏感区，则评价范围应适当放宽到敏感区附近。

② 对于建设项目呈线状声源性质的情况（如铁路线路、公路），线状声源两侧各 200m 的评价范围一般可满足一级评价要求；二级和三级评价的范围可根据实际情况相应缩小。若建设项目周围较空旷而较远处有敏感区，则评价范围应适当放宽到敏感区附近。

③ 对于建设项目是机场的情况，主要飞行航迹下离跑道两端各 15km、侧向 2km 内的评价范围一般能满足一级评价的要求；相应的二级和三级评价范围可根据实际情况适当缩小。

6. 环境影响报告书——噪声专题报告编写提纲

噪声环境影响专题报告一般应有下列内容。

① 总论。包括编制依据、有关噪声标准及保护目标、噪声评价工作等级、评价范围等。

② 工程概述。主要论述与噪声有关的内容。

③ 环境噪声现状调查与评价。包括调查与测量范围、测量方法、测量仪器以及测量结果；受影响人口分布；相邻的各功能区噪声、建设项目边界噪声的超标情况和主要噪声源等。

④ 环境噪声影响预测和评价。包括预测时段、预测基础资料、预测方法（类比预测法、模式计算法及其参数选择、预测模式验证等）、声源数据、预测结果、受影响人口预测、超标情况和主要噪声源等。

⑤ 噪声防治措施与控制技术。包括替代方案的噪声影响降低

情况、防治噪声超标的措施和控制技术、各种措施的投资估计等。

⑥ 噪声污染管理、噪声监测计划建议。

⑦ 环境噪声影响评价结论或小结。

第三节 噪声预测

一、预测的基础资料

建设项目噪声预测应掌握的基础资料，包括建设项目的声源资料和建筑布局、室外声波传播条件、气象参数及有关资料等。

1. 建设项目的声源资料

建设项目的声源资料是指噪声源种类（包括设备型号）与数量、各声源的噪声级与发声持续时间、声源的空间位置、声源的作用时间段。

声源种类与数量、各声源的发声持续时间及空间位置由设计单位提供或从工程设计书中获得。

2. 影响声波传播的各种参量

影响声波传播的各种参量包括当地常年的平均气温和平均湿度；预测范围内声波传播的遮挡物（如建筑物、围墙等，若声源位于室内还包括门窗）的位置（坐标）及长、宽、高数据；树林等分布情况、地面覆盖情况（如草地等）；风向、风速等。

这些参量一般通过现场或同类类比现场调查获得。

二、预测范围和预测点布置原则

1. 预测范围

噪声预测范围一般与所确定的噪声评价等级所规定的范围相同，也可稍大于评价范围。

2. 预测点布置原则

① 所有的环境噪声现状测量点都应作为预测点。现状测量点一般要覆盖整个评价范围，重点要布置在现有噪声源对敏感区有影响的点上。其中，点声源周围布点密度应高一些。对于线声源，应根据敏感区分布状况和工程特点，确定若干测量断面，每一断面上

设置一组测点。

② 为了便于绘制等声级线图，可以用网格法确定预测点。网格的大小应根据具体情况确定，对于建设项目包含呈线状声源特征的情况，平行于线状声源走向的网格间距可大些（如 100～300m），垂直于线状声源走向的网格间距应小些（如 20～60m）；对于建设项目包含呈点声源特征的情况，网格的大小一般在20m×20m～100m×100m 范围。

③ 评价范围内需要特别考虑的预测点。

三、噪声源噪声级数据的获得

噪声源噪声级数据包括：声压级（包括倍频带声压级）、A 声级（包括最大 A 声级）、A 声功率级、倍频带声功率级以及有效感觉噪声级。有关符号参见表 5-1。

获得噪声源数据有两个途径：类比测量法；引用已有的数据。在一般情况下，评价等级为一级的，必须采用类比测量法；评价等级为二级、三级的，可引用已有的噪声源数据。噪声源的类比测量，应选取与建设项目的声源具有相似的型号、工况和环境条件的声源进行类比测量，并根据条件的差别进行必要的声学修正。为了获得噪声源噪声级的准确数据，必须严格按照现行国家标准进行测量。

对于噪声源声功率级的测量，当评价等级为一级时，应满足工程法的要求；当评价等级为二级时，应满足准工程法的要求；当评价等级为三级时，可用简易法测量。报告书应当说明噪声源数据的测量方法和标准。引用类似的噪声源噪声级数据，必须是公开发表的，经过专家鉴定并且是按有关标准测量得到的数据。报告书应当指明被引用数据的来源。

四、噪声传播声级衰减计算方法

1. 概述

在环境影响评价中，经常是根据靠近声源某一位置（参考位置）处的已知声级（如实测得到）来计算距声源较远处预测点的声级。

表 5-1　符号一览表

序号	符 号	含 义	单位
1	A	附加衰减	dB
2	$A_{oct\,div}$	声波几何发散引起的倍频带衰减量	dB
3	$A_{oct\,bar}$	遮挡物引起的倍频带衰减量	dB
4	$A_{oct\,atm}$	空气吸收引起的倍频带衰减量	dB
5	$A_{oct\,exc}$	倍频带的附加衰减量	dB
6	A_{div}	声波几何发散引起的A声级衰减量	dB
7	A_{bar}	遮挡物引起的A声级衰减量	dB
8	A_{atm}	空气吸收引起的A声级衰减量	dB
9	A_{exc}	附加A声级衰减量	dB
10	L	声级	dB
11	L_{eq}	等效连续A声级	dB
12	$L_A(r)$	距声源 r 处的A声级	dB
13	$L_{A\,ref}(r_0)$	参考位置 r_0 处的A声级	dB
14	$L_{oct\,ref}(r_0)$	参考位置 r_0 处的倍频带声压级	dB
15	$L_{oct}(r)$	距声源 r 处的倍频带声压级	dB
16	L_p	声压级	dB
17	L_{WA}	A声功率级	dB
18	L_W	声功率级	dB
19	Q	方向性因子	
20	r	距离	m
21	R	房间常数	m^2
22	S	面积	m^2
23	t_i	第 i 个声源的发声时间	s
24	T	测量或计算时间间隔	h
25	WECPNL	计权等效连续感觉噪声级	dB
26	δ	声程差	m
27	λ	声波波长	m
28	α	空气吸收系数	dB/100m

在预测过程中遇到的声源往往是复杂的，需根据其空间分布形式作简化处理。环境影响评价中，经常把声源简化成二类声源，即点声源和线状声源。

当声波波长比声源尺寸大得多或是预测点离开声源的距离比声源本身尺寸大得多时，声源可当做点声源处理，等效点声源位置在声源本身的中心。各种机械设备、单辆汽车、单架飞机等均可简化为点声源。

当许多点声源连续分布在一条直线上时，可认为该声源是线状声源。公路上的汽车流、铁路列车均可作为线状声源处理。

（1）噪声户外传播声级衰减计算的基本方法

① 首先计算预测点的倍频带声压级：

$$L_{oct}(r) = L_{oct\,ref}(r_0) - (A_{oct\,div} + A_{oct\,bar} + A_{oct\,atm} + A_{oct\,exc})$$

$$\text{(5-1)}$$

② 根据各倍频带声压级合成计算出预测点的 A 声级。

（2）噪声户外传播声级衰减计算的替代方法：在倍频带声压级测试有困难时，可用 A 声级计算：

$$L_A(r) = L_{A\,ref}(r_0) - (A_{div} + A_{bar} + A_{atm} + A_{exc}) \quad \text{(5-2)}$$

（3）对于稳态机械设备噪声的传播计算：原则上用倍频带声压级方法计算，其他（非稳态、脉冲）噪声可用 A 声级直接计算。

2. 几何发散衰减

（1）点声源的几何发散衰减

① 无指向性点声源几何发散衰减的基本公式：

$$L(r) = L(r_0) - 20\lg(r/r_0) \quad \text{(5-3)}$$

式中 $L(r)$、$L(r_0)$——分别是 r、r_0 处的声级。

如果已知 r_0 处的 A 声级，则式(5-4) 和式(5-3) 等效：

$$L_A(r) = L_A(r_0) - 20\lg(r/r_0) \quad \text{(5-4)}$$

式(5-3) 和式(5-4) 中第二项代表了点声源的几何发散衰减：

$$A_{div} = 20\lg(r/r_0) \quad \text{(5-5)}$$

如果已知点声源的 A 声功率级 L_{WA}，且声源处于自由声场空间，则式(5-4) 等效为式(5-6)：

$$L_A(r) = L_{WA} - 20 \lg r - 11 \qquad (5\text{-}6)$$

如果声源处于半自由声场空间，则式(5-4)等效为式(5-7)：

$$L_A(r) = L_{WA} - 20 \lg r - 8 \qquad (5\text{-}7)$$

② 具有指向性声源几何发散衰减的计算式为

$$L(r) = L(r_0) - 20 \lg(r/r_0) \qquad (5\text{-}8)$$

或 $$L_A(r) = L_A(r_0) - 20 \lg(r/r_0) \qquad (5\text{-}9)$$

式(5-8)、式(5-9)中，$L(r)$ 与 $L(r_0)$、$L_A(r)$ 与 $L_A(r_0)$ 必须是在同一方向上的声级。

③ 反射体引起的修正：如图 5-2 所示，当点声源与预测点处在反射体同侧附近时，到达预测点的声级是直达声与反射声叠加的结果，从而使预测点声级增高（增高量用 ΔL_r，表示）。

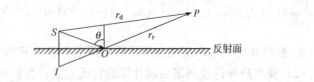

图 5-2　反射体的影响

当满足下列条件时需考虑反射体引起的声级增高：① 反射体表面是平整、光滑、坚硬的；② 反射体尺寸远远大于所有声波的波长；③ 入射角 θ 小于 85°。

在图 5-2 中，被 O 点反射到达 P 点的声波相当于从虚声源 I 辐射的声波，记 $SP = r_d$，$IP = r_r$。在实际情况下，声源辐射的声波是宽频带的且满足条件 $r_r - r_d \gg \lambda$，反射引起的声级增高量 ΔL_r 与 r_r/r_d 有关；当 $r_r/r_d \approx 1$ 时，$\Delta L_r = 3$dB；当 $r_r/r_d \approx 1.4$ 时，$\Delta L_r = 2$dB；当 $r_r/r_d \approx 2$ 时，$\Delta L_r = 1$dB；当 $r_r/r_d > 2.5$ 时，$\Delta L_r = 0$dB。

(2) 线声源的几何发散衰减

① 无限长线声源。无限长线声源几何发散衰减的基本公式为

$$L(r) = L(r_0) - 10 \lg(r/r_0) \qquad (5\text{-}10)$$

如果已知 r_0 处的 A 声级，则式(5-11)与式(5-10)等效：

$$L_{A(r)} = L_A(r_0) - 10 \lg(r/r_0) \qquad (5\text{-}11)$$

式(5-10)和式(5-11)中，r、r_0 为垂直于线声源的距离。式(5-

10）和式(5-11)中第二项表示了无限长线声源的几何发散衰减

$$A_{div} = 10\lg(r/r_0) \quad (5-12)$$

② 有限长线声源。如图5-3所示，设线声源长为 l_0，单位长度线声源辐射的声功率级

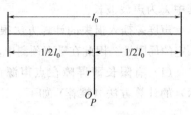

图 5-3 有限长线声源

为 L_w。在线声源垂直平分线上距声源 r 处的声级为

$$L_p(r) = L_W + 10\lg\left[\frac{1}{r}\arctan\left(\frac{l_0}{2r}\right)\right] - 8 \quad (5-13)$$

或

$$L_p(r) = L_p(r_0) + 10\lg\left[\frac{\dfrac{1}{r}\arctan\left(\dfrac{l_0}{2r}\right)}{\dfrac{1}{r_0}\arctan\left(\dfrac{l_0}{2r_0}\right)}\right] \quad (5-14)$$

当 $r > l_0$ 且 $r_0 > l_0$ 时，式(5-14) 可近似简化为

$$L_p(r) = L_p(r_0) - 20\lg(r/r_0) \quad (5-15)$$

即在有限长线声源的远场，有限长线声源可当做点声源处理。

当 $r < l_0/3$ 且 $r_0 < l_0/3$ 时，式(5-14) 可近似简化为

$$L_p(r) = L_p(r_0) - 10\lg(r/r_0) \quad (5-16)$$

即在近场区，有限长线声源可当做无限长线声源处理。

当 $l_0/3 < r < l_0$ 且 $l_0/3 < r_0 < l_0$ 时，可以作近似计算：

$$L_p(r) = L_p(r_0) - 15\lg(r/r_0) \quad (5-17)$$

3. 遮挡物引起的衰减

位于声源和预测点之间的实体障碍物，如围墙、建筑物、土坡或地堑等都能起到声屏障的作用。声屏障的存在使部分声波不能直达某些预测点，从而引起声能量的衰减。在环境影响评价中，一般可将各种形式的屏障简化为具有一定高度的薄屏障。

如图5-4所示，S、O、P 三点在同一平面内且垂直于地面。

定义：$\delta = SO + OP - SP$ 为声程差，$N = 2\delta/\lambda$ 为菲涅尔数，

其中 λ 为声波波长。

声屏障插入损失的计算方法很多，大多是半理论半经验的，有一定的局限性。因此在噪声预测中，需要根据实际情况作简化处理。

（1）有限长薄屏障在点声源声场中引起声衰减（如图 5-5 所示）的计算方法（推荐）如下。

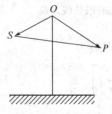

图 5-4　声屏障示意　　　　图 5-5　有限长薄屏障、点声源的声衰减

① 首先计算三个传播途径的声程差 δ_1、δ_2、δ_3 和相应的菲涅尔数 N_1、N_2、N_3。

② 声屏障引起的衰减量计算：

$$A_{oct\,bar} = -10\lg\left[\frac{1}{3+20N_1} + \frac{1}{3+20N_2} + \frac{1}{3+20N_3}\right] \quad (5\text{-}18)$$

当屏障很长（作无限处理）时，则

$$A_{oct\,bar} = -10\lg\left[\frac{1}{3+20N_1}\right] \quad (5\text{-}19)$$

（2）无限长薄屏障在无限长线声源声场中引起衰减的计算方法（推荐）如下。

① 首先计算菲涅尔数 N。

② 按图 5-6 所示的曲线，由 N 值查出相应的衰减量。

需要说明的是：对铁路列车、公路上汽车流，在近场条件下，可作无限长声源处理；当预测点与声屏障的距离远小于屏障长度时，屏障可当无限长处理。当计算出的衰减量超过 25dB，实际所用的衰减量应取其上限衰减量 25dB。

（3）绿化林带的影响　绿化林带并不是有效的声屏障。密集的林带对宽带噪声典型的附加衰减量是每 10m 衰减 1～2dB；取值的

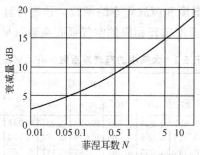

图 5-6　无限长屏障、无限长线声源的声衰减

大小与树种、林带结构和密度等因素有关。密集的、50m 以上的
绿化林带对噪声的最大附加衰减量一般
不超过 10dB。

（4）噪声从室内向室外传播的声级
差计算：如图 5-7 所示，声源位于室
内。设靠近开口处（或窗户）室内、室
外的声级分别为 L_1 和 L_2。若声源所
在室内声场近似扩散声场，则噪声衰减
值为

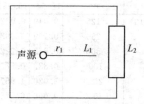

图 5-7　噪声从室内
向室外传播

$$NR = L_1 - L_2 = TL + 6 \qquad (5\text{-}20)$$

式中　TL——隔墙（或窗户）的传声损失。

图中，L_1 可以是测量值或计算值；若为计算值时，有如下计
算式：

$$L_1 = L_W + 10\lg\left(\frac{Q}{4\pi r_1^2} + \frac{4}{R}\right) \qquad (5\text{-}21)$$

4. 空气吸收引起的衰减

空气吸收引起的衰减量按式(5-22) 计算：

$$A_{\text{oct atm}} = \frac{\alpha(r - r_0)}{100} \qquad (5\text{-}22)$$

式中　r——预测点距声源的距离，m；

　　　r_0——参考位置距离，m；

　　　α——每 100m 空气吸收系数，dB。

111

α 为温度、湿度和声波频率的函数，预测计算中一般根据当地常年平均气温和湿度选择相应的空气吸收系数（见表 5-2）。

表 5-2　大气中的声衰减系数/(dB/100m)

温度/℃	1/3 倍频带中心频率/Hz	相 对 湿 度/%								
		20	30	40	50	60	70	80	90	100
5	125	0.051	0.044	0.039	0.036	0.033	0.031	0.030	0.029	0.028
	250	0.115	0.096	0.086	0.079	0.074	0.070	0.066	0.063	0.061
	500	0.339	0.235	0.205	0.189	0.177	0.166	0.157	0.151	0.146
	1000	1.142	0.734	0.549	0.466	0.426	0.404	0.385	0.369	0.355
	2000	3.801	2.524	1.859	1.472	1.218	1.061	0.973	0.912	0.877
	4000	8.352	8.000	6.249	4.930	4.097	3.469	3.044	2.697	2.454
	8000	12.548	16.957	17.348	15.886	13.599	11.556	10.144	9.059	8.122
10	125	0.049	0.042	0.038	0.035	0.032	0.031	0.029	0.028	0.027
	250	0.109	0.093	0.083	0.077	0.072	0.068	0.065	0.062	0.059
	500	0.273	0.222	0.200	0.184	0.171	0.162	0.154	0.148	0.142
	1000	0.882	0.585	0.484	0.445	0.418	0.395	0.375	0.358	0.345
	2000	3.020	1.957	1.445	1.172	1.044	0.970	0.926	0.891	0.859
	4000	9.096	6.576	4.902	3.853	3.210	2.759	2.462	2.282	2.155
	8000	19.906	18.875	16.068	12.810	10.733	9.195	8.027	7.202	6.512
15	125	0.048	0.041	0.037	0.034	0.032	0.030	0.029	0.027	0.026
	250	0.106	0.090	0.081	0.075	0.070	0.066	0.063	0.060	0.058
	500	0.250	0.216	0.193	0.178	0.167	0.157	0.150	0.143	0.138
	1000	0.697	0.523	0.472	0.435	0.406	0.382	0.365	0.351	0.338
	2000	2.405	1.554	1.206	1.070	1.004	0.953	0.910	0.873	0.839
	4000	8.072	5.278	3.884	3.106	2.653	2.418	2.265	2.181	2.107
	8000	20.830	17.350	12.918	10.398	8.627	7.463	6.600	6.017	5.582
20	125	0.047	0.040	0.036	0.033	0.031	0.029	0.028	0.026	0.025
	250	0.102	0.088	0.079	0.073	0.068	0.064	0.061	0.059	0.056
	500	0.246	0.211	0.190	0.175	0.164	0.155	0.148	0.141	0.136
	1000	0.606	0.513	0.462	0.422	0.397	0.376	0.358	0.343	0.331
	2000	1.859	1.289	1.126	1.042	0.979	0.924	0.876	0.843	0.814
	4000	6.302	4.119	3.106	2.653	2.435	2.314	2.217	2.136	2.062
	8000	20.445	13.761	10.310	8.324	7.019	6.224	5.779	5.496	5.297
25	125	0.045	0.039	0.035	0.032	0.030	0.027	0.025	0.024	0.023
	250	0.102	0.088	0.079	0.072	0.068	0.064	0.061	0.057	0.054
	500	0.238	0.205	0.184	0.170	0.159	0.150	0.143	0.137	0.132
	1000	0.579	0.501	0.448	0.414	0.388	0.367	0.350	0.336	0.323
	2000	1.561	1.223	1.117	1.032	0.960	0.911	0.872	0.838	0.807
	4000	5.088	3.399	2.791	2.555	2.407	2.288	2.186	2.095	2.107
	8000	16.939	11.233	8.486	7.008	6.249	5.836	5.608	5.419	5.253

5. 附加衰减

附加衰减包括声波传播过程中由于云、雾、温度梯度、风（称为大气非均匀性和不稳定性）引起的声能量衰减以及地面效应（指声波在地面附近传播时由于地面的反射和吸收，以及接近地面的气象条件引起的声衰减效应）引起的声能量衰减。

在环境噪声影响评价中，不考虑风、温度梯度以及雾引起的附加衰减。

如果满足下列条件，则需考虑地面效应引起的附加衰减：①预测点距声源 50m 以上；②声源（或声源的主要发声部位）距地面高度和预测点距地面高度的平均值小于 3m；③声源与预测点之间的地面被草地、灌木等覆盖（软地面）。

地面效应引起的附加衰减量按式(5-23)计算：

$$A_{exc} = 5\lg(r/r_0) \quad (dB) \tag{5-23}$$

不管传播距离多远，地面效应引起的附加衰减量的上限为 10dB。

如果在声屏障和地面效应同时存在的条件下，声屏障和地面效应引起的衰减量之和的上限为 25dB。

五、预测点噪声级计算的基本步骤

预测点噪声级计算的基本步骤如下。

① 选择一个坐标系，确定出各噪声源位置和预测点位置（即坐标），并根据预测点与声源之间的距离把噪声源简化成点声源或线声源。

② 根据已获得的噪声源噪声级数据和声波从各声源到预测点的传播条件，计算出噪声从各声源传播到预测点的声衰减量，由此计算出各声源单独作用时在预测点产生的 A 声级 L_{Ai}。

③ 确定预测计算的时段 T，并确定各声源的发声持续时间 t_i。

④ 计算预测点 T 时段内的等效连续 A 声级：

$$L_{eq}(A) = 10\lg\left[\frac{\sum_{i=1}^{n} t_i 10^{0.1L_{Ai}}}{T}\right] \tag{5-24}$$

在环境噪声影响评价中，因为声源较多，预测点数量比较大，因此常用电子计算机完成计算工作。为了方便噪声级预测，可以利用有关噪声预测模型（如对于公路噪声预测，可利用美国联邦公路管理局提出的"公路噪声预测模型"）。

六、等声级线圈绘制

计算出各网格点上的噪声级（如 L_{eq}、WECPNL）后，采用某种数学方法（如双三次拟合法、按距离加权平均法、按距离加权最小二乘法）计算并绘制出等声级线。

等声级线的间隔不大于 5dB。绘制 L_{eq} 的等声级线图，其等效声级范围可从 35～75dB；对于 WECPNL，一般应有 70dB、75dB、80dB、85dB、90dB 的等声级线。

等声级线图直观地表明了项目的噪声级分布，对分析功能区噪声超标状况提供了方便，同时为城市规划、城市噪声管理提供了依据。

第四节　公路噪声预测

可用美国联邦公路管理局（FHWA）"公路噪声预测模型"来预测公路交通噪声。

1. 基本模式

将公路上汽车流按照车种分类（如大、中、小型车），先求出某一类车辆的小时等效声级：

$$L_{eq}(h)_i = (\bar{L}_0)_{Ei} + 10\lg\left(\frac{N_i\pi D_0}{S_i T}\right) + 10\lg\left(\frac{D_0}{D}\right)^{1+\alpha} +$$

$$10\lg\left[\frac{\Phi_a(\psi_1,\psi_2)}{\pi}\right] + \Delta S - 30 \tag{5-25}$$

式中　$L_{eq}(h)_i$——第 i 类车的小时等效声级，dB；

$(\bar{L}_0)_{Ei}$——第 i 类车的参考能量平均辐射声级，dB；

N_i——在指定时间 T（1h）内通过某预测点的第 i 类车流量；

D_0——测量车辆辐射声级的参考位置距离，$D_0=15m$；

D——从车道中心到预测点的垂直距离，m；

S_i——第 i 类车的平均车速，km/h；

T——计算等效声级的时间，1h；

α——地面覆盖系数，取决于现场地面条件，$\alpha=0$ 或 $\alpha=0.5$；

Φ_a——代表有限长路段的修正函数，其中 ψ_1、ψ_2 为预测点到有限长路段两端的张角（rad），如图 5-8 所示；

$$\Phi_a(\psi_1,\psi_2)=\int_{\psi_1}^{\psi_2}(\cos\psi)^a\,\mathrm{d}\psi，\text{其中，}-\pi/2\leqslant\psi\leqslant\pi/2$$

ΔS——由遮挡物引起的衰减量，dB。

混合车流模式的等效声级是将各类车流等效声级叠加求得。如果将车流分成大、中、小三类车，那么总车流等效声级为

$$L_{eq}(T)=10\lg[10^{0.1L_{eq}(h)_1}+10^{0.1L_{eq}(h)_2}+10^{0.1L_{eq}(h)_3}] \quad (5\text{-}26)$$

式（5-25）应用的注意事项：预测点与车道中心的距离 D 必须大于 15m；模式的预测误差一般在 ± 2.5dB 范围内；该模式未考虑道路坡度和路面粗糙度引起的修正；某一类车的参考能量平均辐射声级数据必须经过严格测试获得；模式既适用于大车流量，也适用于小车流量，但应属于线声源。

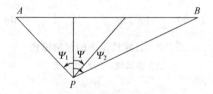

图 5-8　有限路段的修正函数

AB 为路段，P 为预测点

卡车在上坡时，会引起噪声增大，可按表 5-3 所列数据修正。

2. 特殊情况下的预测模式

如果预测点与某段车道的垂直距离小于 15m，或预测点位于某

115

表 5-3　卡车上坡修正值

坡度/%	修正值/dB	坡度/%	修正值/dB
≤2	0	5~6	3
3~4	2	>7	5

段车道的延长线上，如图 5-9(b) 所示，这时式(5-25) 不成立。如果预测点与所考虑的车道两端的最近距离仍大于 15m，那么噪声预测公式成为

$$L_{eq}(h)_i = (\overline{L}_0)_{Ei} + 10\lg\left(\frac{N_i D_0}{S_i T}\right) +$$

$$10\lg\left\{\frac{1}{1+a}\left[\left(\frac{D_0}{R_n}\right)^{1+a} - \left(\frac{D_0}{R_f}\right)^{1+a}\right]\right\} + \Delta S - 30 \quad (5\text{-}27)$$

式中　R_n，R_f——分别为预测点与该车道两端的距离，其中 R_n
为近端距离；R_f 为远端距离，只有当 $R_n \geqslant 15\text{m}$
时，式(5-27) 才成立。

$(\overline{L}_0)_{Ei}$、N_i、D_0、S_i、T、a 的定义与单位同前。

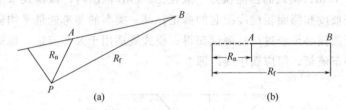

图 5-9　特殊情况下的预测模式

AB 为路段，P 为预测点

第五节　铁路噪声预测

1. 比例预测法

比例预测模型的应用条件为：①列车通过速度基本不变；②铁路干线两侧建筑物分布状况不变；③列车噪声辐射特性不变；④机

116

车鸣笛位置基本不变；⑤主要受铁路噪声的影响。比例预测模型常用于远离铁路站场的铁路干线噪声预测。

（1）比例预测的基本计算公式：

$$L_{eq2}=L_{eq1}+10\lg\left[\frac{KA_2+B_2}{KA_1+B_1}\times(1-K_3)\times10^{0.1\Delta L}+K_3\frac{N_2}{N_1}\right]$$

$$(5\text{-}28)$$

式中 L_{eq1}——改扩建前某预测点的等效声级，dB；

       L_{eq2}——改扩建后某预测点的等效声级，dB；

       N_1——改扩建前列车日通过列数；

       N_2——改扩建后列车日通过列数；

       A_1——改扩建前客运列车日通过总长度，m；

       A_2——改扩建后客运列车日通过总长度，m；

       B_1——改扩建前货运列车日通过总长度，m；

       B_2——改扩建后货运列车日通过总长度，m；

       ΔL——改扩建前后路轨的轮轨噪声辐射声级差，dB，

              $\Delta L=L_{r2}-L_{r1}$；

   $K，K_3$——噪声辐射能量比，见下面说明。

上式中

$$A_1=N_{p1}L_{p1} \qquad A_2=N_{p2}L_{p2}$$

$$B_1=N_{f1}L_{f1} \qquad B_2=N_{f2}L_{f2}$$

式中 N_{p1}——改扩建前客车日通过列数；

       N_{p2}——改扩建后客车日通过列数；

       L_{p1}——改扩建前客运列车平均长度，m；

       L_{p2}——改扩建后客运列车平均长度，m；

       N_{f1}——改扩建前货车日通过列数；

       N_{f2}——改扩建后货车日通过列数；

       L_{f1}——改扩建前货运列车平均长度，m；

       L_{f2}——改扩建后货运列车平均长度，m。

（2）客、货列车辐射噪声能量比（K）：

$$K=\frac{10^{0.1L_1}}{10^{0.1L_2}}$$

式中 L_1、L_2——分别为客车和货车的辐射噪声级，dB。

鸣笛噪声辐射能量比（K_3）：

$$K_3 = \frac{10^{0.1L_3} t_3}{10^{0.1L_{eq1}} T}$$

式中 L_3——列车鸣笛噪声平均声级，dB；

t_3——鸣笛噪声作用时间，s；

T——测量总时间，s；

L_{eq1}——改扩建前某预测点的等效声级，dB。

2. 模式预测法

把铁路各类声源简化为点声源和线声源，分别进行计算。

（1）对于点声源

$$L_p = L_{p0} - 20\lg(r/r_0) - \Delta L \tag{5-29}$$

式中 L_p——测点的声级（可以是倍频带声压级或 A 声级）；

L_{p0}——参考位置 r_0 处的声级（可以是倍频带声压级或 A 声级）；

r——预测点与点声源之间的距离，m；

r_0——测量参考声级处与点声源之间的距离，m；

ΔL——各种衰减量，包括空气吸收、声屏障或遮挡物、地面效应等引起的衰减量。

（2）对于线声源

$$L_p = L_{p0} - 10\lg(r/r_0) - \Delta L \tag{5-30}$$

式中 L_p——线声源在预测点产生的声级（倍频带声压级或 A 声级）；

L_{p0}——线声源参考位置处的声级；

r——预测点与线声源之间的垂直距离，m；

r_0——测量参考声级处与线声源之间的垂直距离，m；

ΔL——各种衰减量，包括空气吸收、声屏障或遮挡物、地面效应等引起的衰减量。

总的等效声级为

$$L_{eq}(T) = 10\lg\left[\frac{1}{T}\sum_{i=1}^{n} t_i \cdot 10^{0.1L_{pi}}\right] \tag{5-31}$$

118

式中　t_i——第 i 个声源在预测点的噪声作用时间（在 T 时间内）；

　　L_{pi}——第 i 个声源在预测点产生的声级；

　　T——计算等效声级的时间。

3. 应用注意事项

比例预测法仅适用于预测铁路线路噪声，只适用于铁路改、扩建工程，并且假定铁路站、场、干线既有状况基本不变、铁路干线两侧的建筑物分布状况不变。

模式计算法适用于大型铁路建设项目，包括列车运行和编组作业系统的复杂情况，但要把铁路各种噪声源简化为点声源或线声源进行计算。

第六节　机场飞机噪声预测

机场飞机噪声预测根据下列基本步骤进行。

1. 计算斜距

以飞机起飞或降落点为原点、跑道中心线为 x 轴、垂直地面为 z 轴、垂直于跑道中心线为 y 轴建立坐标系。设预测点的坐标为 (x, y, z)，飞机起飞、爬升、降落时与地面所成角度为 θ，则飞机与预测点之间的斜距为

$$R = \sqrt{y^2 + (x \tan\theta \cos\theta)^2}$$

如果可以查得离起飞或降落点不同位置飞机距地面的高度 H，斜距为

$$R = \sqrt{y^2 + (H \cos\theta)^2}$$

2. 查出各次飞机飞行的有效感觉噪声级数据

根据飞机机型、起飞或降落、斜距可以查出飞机飞过预测点时在预测点产生的有效感觉噪声级 L_{EPN}。

查出一天当中所有飞行事件的 L_{EPN}。

3. 计算平均有效感觉噪声级

$$\bar{L}_{EPN} = 10 \lg \left[\left(\frac{1}{N_1 + N_2 + N_3} \right) \left(\sum_{i=1}^{n} 10^{0.1 L_{EPN i}} \right) \right]$$

119

式中　N_1、N_2、N_3——分别为白天（07：00～19：00）、晚上（19：00～22：00）和夜间（22：00～07：00）通过该点的飞行次数。

$$N = N_1 + N_2 + N_3$$

4. 计算计权等效连续感觉噪声级

$$L_{\mathrm{WECPN}} = \overline{L}_{\mathrm{EPN}} + 10\lg(N_1 + 3N_2 + 10N_3) - 40 \qquad (5\text{-}32)$$

第七节　工业噪声预测

工业噪声源有室外和室内两种声源，应分别计算。一般来讲，进行环境噪声预测时所使用的工业噪声源都可按点声源处理。

1. 室外声源

先计算某个声源在预测点的倍频带声压级：

$$L_{\mathrm{oct}}(r) = L_{\mathrm{oct}}(r_0) - 20\lg(r/r_0) - \Delta L_{\mathrm{oct}}$$

式中　$L_{\mathrm{oct}}(r)$——点声源在预测点产生的倍频带声压级；

$L_{\mathrm{oct}}(r_0)$——参考位置 r_0 处的倍频带声压级；

r——预测点距声源的距离，m；

r_0——参考位置距声源的距离，m；

ΔL_{oct}——各种因素引起的衰减量（包括声屏障、遮挡物、空气吸收、地面效应引起的衰减量）。

如果已知声源的倍频带声功率级 L_{woct}，且声源可看做是位于地面上的，则

$$L_{\mathrm{oct}}(r_0) = L_{\mathrm{woct}} - 20\lg r_0 - 8$$

然后，再由各倍频带声压级合成计算出该声源产生的 A 声级 L_{A}。

2. 室内声源

（1）首先计算出某个室内靠近围护结构处的倍频带声压级，如图 5-10 所示：

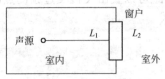

图 5-10　室内声源的倍频带声压级示意图

$$L_{\text{oct},1} = L_{\text{woct}} + 10\lg\left(\frac{Q}{4\pi r_1^2} + \frac{4}{R}\right)$$

式中 $L_{\text{oct},1}$——某个室内声源在靠近围护结构处产生的倍频带声压级；

$L_{\text{w oct}}$——某个声源的倍频带声功率级；

r_1——室内某个声源与靠近围护结构处的距离；

R——房间常数；

Q——方向性因子。

（2）计算出所有室内声源在靠近围护结构处产生的总倍频带声压级：

$$L_{\text{oct},1}(T) = 10\lg\left[\sum_{i=1}^{n} 10^{0.1 L_{\text{cot},1(i)}}\right]$$

（3）计算出室外靠近围护结构处的声压级：

$$L_{\text{oct},2}(T) = L_{\text{oct},1}(T) - (TL_{\text{oct}} + 6)$$

（4）将室外声级 $L_{\text{oct},2}(T)$ 和透声面积换算成等效的室外声源，计算出等效声源第 i 个倍频带的声功率级 L_{woct}：

$$L_{\text{woct}} = L_{\text{oct},2}(T) + 10\lg S$$

式中 S——透声面积，m^2。

（5）等效室外声源的位置为围护结构的位置，其倍频带声功率级为 L_{woct}，由此按室外声源方法计算等效室外声源在预测点产生的声压级。

3. 计算总声压级

设第 i 个室内声源在预测点产生的 A 声级为 $L_{\text{Ain},i}$，在 T 时间内该声源工作时间为 $t_{\text{in},i}$；第 j 个等效室外声源在预测点产生的 A 声级为 $L_{\text{Aout},j}$，在 T 时间内该声源工作时间为 $t_{\text{out},j}$，则预测点的总等效压级为

$$L_{\text{eq}}(T) = 10\lg\left[\frac{1}{T}\left(\sum_{i=1}^{N} t_{\text{in},i} 10^{0.1 L_{\text{Ain},i}} + \sum_{j=1}^{M} t_{\text{out},j} 10^{0.1 L_{\text{Aout},j}}\right)\right]$$

式中 T——计算等效声压级的时间；

N——室外声源个数；

M ——等效室外声源个数。

习　题

1. 简述环境噪声影响评价工作的基本内容。

2. 对属于规划区内的大、中型建设工程，建成后其周围环境噪声级将有显著增高，试问该工程评价工作的基本要求是什么？

3. 简述编写环境噪声影响专题报告应包括的内容。

4. 点声源与线声源的声传播规律如何？写出其表达式。举例说明在环境噪声预测中，哪些噪声源在什么条件下可视为点声源或线声源。

5. 设一无限长单向行驶道路，交通高峰时段（8:00～9:00）车流量为 1000 辆/h，其中大型车占 5%，其余为小型车，大型车辐射声级距离 15m 为 80dB，小型车为 70dB，车速均为 60km/h，预测点与道路中心线垂直距离为 20m（单行道），其间无遮蔽物，地面为混凝土。试求预测点在该时段的交通噪声等效声级。

第六章　噪声控制技术概述

第一节　噪声控制基本原理与原则

一、噪声控制的基本原理

声学系统一般是由声源、传播途径和接收器三环节组成的，即

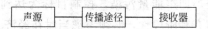

对于所需要的声音，必须为它的产生、传播和接收提供良好的条件。对于噪声，则必须设法抑制它的产生、传播和对听者的干扰，根据上述三环节，分别采取措施。

（1）在声源处抑制噪声　这是最根本的措施，包括降低激发力，减小系统各环节对激发力的响应以及改变操作程序或改造工艺过程等。

（2）在声传播途径中的控制　这是噪声控制中的普遍技术，包括隔声、吸声、消声、阻尼减振等措施。

（3）接收器的保护措施　在某些情况下，噪声特别强烈，在采用上述措施后，仍不能达到要求，或者工作过程中不可避免地有噪声时，就需要从接收器保护角度采取措施。对于人，可佩戴耳塞、耳罩、有源消声头盔等。对于精密仪器设备，可将其安置在隔声间内或隔振台上。

声源可以是单个，也可以是多个同时作用，传播途径也常不止一条，且非固定不变；接收器可能是人，也可能是若干灵敏设备，对噪声的反应也各不相同。因此，在考虑噪声问题时，既要注意这种统计性质，又要考虑个体特性。

二、噪声控制的一般原则

噪声控制设计一般应坚持科学性、控制技术的先进性和经济性的原则。

（1）科学性 首先应正确分析发声机理和声源特性，是空气动力性噪声、机械噪声或电磁噪声，还是高频噪声或中低频噪声。然后确定针对性的相应措施。

（2）控制技术的先进性 这是设计追求的重要目标，但应建立在有可能实施的基础上。控制技术不能影响原有设备的技术性能，或工艺要求。

（3）经济性 经济上的合理性也是设计追求的目标之一。噪声污染属物理污染，即声能量污染，控制目标为达到允许的标准值，但国家制定标准有其阶段性，必须考虑当时在经济上的承受能力。

三、噪声控制的基本程序

噪声控制的基本程序应是从声源特性调查入手，通过传播途径分析、降噪量确定等一系列步骤再选定最佳方案，最后对噪声控制工程进行评价。

噪声控制基本程序框图如图 6-1 所示。

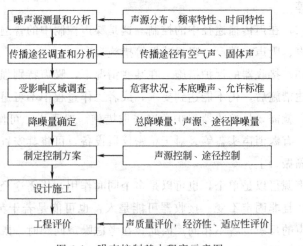

图 6-1 噪声控制基本程序示意图

第二节 噪声源分析

噪声源的发声机理可分为机械噪声、空气动力性噪声和电磁噪声。通常，声源不是单一的，即使是一种机械设备，也可能是由几种不同发声机理的噪声组成的。

一、机械噪声

机械噪声是由于机械设备运转时，部件间的摩擦力、撞击力或非平衡力，使机械部件和壳体产生振动而辐射噪声。机械噪声的特性（如声级大小、频率特性和时间特性等）与激发力特性、物体表面振动的速度、边界条件及其固有振动模式等因素有关。齿轮变速箱、织布机、球磨机、车床等发出的噪声是典型的机械噪声。

提高机器制造的精度，改善机器的传动系统，减少部件间的撞击和摩擦，正确地校准中心调整好平衡，适当提高机壳的阻尼等，都可以使机械振动尽可能的减低，这也是从声源上降低噪声的办法。实际上，对于特定型号的机器来说，运转产生的噪声越低表明它的机械性能越好，精密度越高，使用寿命也越长。也就是说，噪声的高低也是机械产品的一项综合性的质量指标。

二、空气动力性噪声

空气动力性噪声是一种由于气体流动过程中的相互作用，或气流和固体介质之间的相互作用而产生的噪声。气流噪声的特性与气流的压力、流速等因素有关。常见的气流噪声有风机噪声、喷气发动机噪声、高压锅炉放气排空噪声和内燃机排气噪声等。

从声源上降低气流噪声可由几方面着手：降低流速，减少管道内和管道口产生扰动气流的障碍物，适当增加导流片，减小气流出口处的速度梯度，调整风扇叶片的角度和形状，改进管道连接处的密封性等。

三、电磁噪声

电磁噪声是由电磁场交替变化而引起某些机械部件或空间容积振动而产生的。对于电动机来说，由于电源不稳定也可以激发定子振动而产生噪声。电磁噪声的主要特性与交变电磁场特性、被迫振动部件和空间的大小形状等因素有关。电动机、发电机、变压器和霓虹灯镇流器等发出的噪声是典型的电磁噪声。

我国各省市调查统计的结果表明，三类噪声中机械性噪声源所占的比例最高，空气动力性噪声源次之，电磁噪声源较小。

第三节 城市环境噪声控制

一、城市环境噪声源分类

城市环境噪声按噪声源的特点分类，可分为四大类，即工业生产噪声、建筑施工噪声、交通运输噪声和社会生活噪声。

1. 工业生产噪声

工业生产噪声是指工业企业在生产活动中使用固定的生产设备或辅助设备所辐射的声能量。它不仅直接给工人带来危害，而且干扰周围居民的生活环境。一般工厂车间内噪声级为75～105dB，也有部分在75dB以下，少数车间或设备的噪声级高，达110～120dB。生产设备的噪声大小与设备种类、功率、型号、安装状况、运输状态以及周围环境条件有关。表6-1给出了部分工业设备的声级范围。

表 6-1 部分工业设备声级范围

设备名称	声级范围/dB	设备名称	声级范围/dB	设备名称	声级范围/dB	设备名称	声级范围/dB
织布机	96～106	锻机	89～110	风铲(镐)	91～110	卷扬机	80～90
鼓风机	80～126	冲床	74～98	剪板机	91～95	退火炉	91～100
引风机	75～118	车床	75～95	粉碎机	91～105	拉伸机	91～95
空压机	73～116	砂轮	91～105	磨粉机	91～95	细纱机	91～95
破碎机	85～114	冲压机	91～95	冷冻机	91～95	整理机	70～75
球磨机	87～128	轧机	91～110	抛光机	96～105	木工圆锯	93～101
振动筛	93～130	发电机	71～106	锉锯机	96～100	木工带锯	95～105
蒸汽机	86～113	电动机	75～107	挤压机	96～100	飞机发动机	107～160

注：测距1m，现场实测。

126

2. 交通运输噪声

交通运输噪声来源于地面、水上和空中，这些声源流动性大，影响面广。随着社会经济的发展，公路、铁路、航运、高速公路、地铁、高架道路、高架轻轨的建设迅速发展，交通运输工具成倍增长，交通运输噪声污染也随之增加。

影响范围最广的是道路交通噪声。道路交通噪声包括机动车发动机噪声、车轮与路面摩擦噪声、高速行驶时车体带动空气形成的气流噪声以及鸣笛声。为降低道路交通噪声，我国制定了机动车辆噪声标准，如《汽车定置噪声限值》（GB 16170—1996）、《摩托车和轻便摩托车噪声限值》（GB 16169—2005）、《拖拉机噪声限值》（GB 6376—1995）；多数城市实施了机动车禁鸣的措施。

铁路运输噪声对环境的影响面相对道路交通噪声要小一些。但是，随着客货运量的增加和提速，铁路噪声的污染也日益突出。城市高架轨道交通的发展，其噪声污染已引起各方面的关注。磁悬浮列车在 100km/h 的行驶速度下，其噪声要比传统的列车低 10dB，约 72dB，在 400km/h 时，约 94dB。

随着民航运输的发展，飞机噪声已成为影响城市声环境的污染源之一。尽管人们花了近半个世纪的努力去降低飞机噪声，但航空噪声仍居高不下。我国近年来民航事业迅速发展，飞机噪声已引起有关部门的重视，已经制定了机场周围环境噪声标准及测量方法。

3. 建筑施工噪声

建筑施工噪声主要来源于各种建筑机械噪声。建筑施工虽然对某一地区是暂时的，但对整个城市来说是常年不断的。打桩机、混凝土搅拌机、推土机、运料机等的噪声都在 90dB 以上，对周围环境造成严重的污染。主要建筑施工机械声级范围见表 6-2。

4. 社会生活噪声

社会生活噪声是指人为活动所产生的除工业生产噪声、交通运输噪声和建筑施工噪声之外的干扰周围生活环境的声音；商业、文娱、体育活动场所等的空调设备、音响系统、保龄球等发出的噪声。在我国许多城市中，营业舞厅、卡拉 OK 厅的噪声级在 95～

表 6-2　主要建筑施工机械声级范围/dB

机械名称	距声源 10m		距声源 30m	
	声级范围	平均	声级范围	平均
打桩机	93～112	105	84～102	93
混凝土搅拌	80～96	87	72～87	79
地螺钻	68～82	75	57～70	63
铆枪	85～98	91	74～86	80
压缩机	82～98	88	73～86	78
破土机	80～92	85	74～80	76

105dB，不仅严重影响娱乐者，而且严重干扰附近居民的休息和睡眠。

社会生活噪声中不可忽视的另一类为来源于家用电器的噪声，如空调、冰箱、洗衣机的噪声等，它们的声级范围见表 6-3。

表 6-3　家用电器声级范围/dB

名称	声级范围	名称	声级范围
洗衣机	50～80	窗式空调	50～65
除尘器	60～80	缝纫机	45～70
钢琴	60～95	吹风机	45～75
电视	55～80	高压锅(喷气)	58～65
电风扇	40～60	脱排油烟机	55～60
电冰箱	40～50	食品搅拌机	65～75

二、城市规划与噪声控制

在我国环境噪声污染防治法中规定，"地方各级人民政府在制定城乡建设规划时，应当充分考虑建设项目和区域开发、改造中所产生的噪声对周周生活环境的影响，统筹规划，合理安排功能区和建设布局，防止或者减轻环境噪声污染"。合理的城市规划，对未来的城市环境噪声控制具有非常重要的意义。

1. 居住区规划中的噪声控制

（1）居住区中道路网的规划　居住区道路网规划设计中，应对道路的功能与性质进行明确的分类、分级。分清交通性干道和生活性道路，前者主要承担城市对外交通和货运交通。它们应避免从城市中心和居住区域穿过，可规划成环形道等形式从城市边缘或城市中心区边缘绕过。在拟定道路系统，选择线路时，应兼顾防噪因素，尽量利用地形设置成路堑式或利用土堤等来隔离噪声。必须要从居住区穿过时，可选择下述措施：①将干道转入地下，其上布置街心花园或步行区；②将干道设计成半地下式；③沿干道两侧设置声屏障，在声屏障朝干道侧布置灌木丛、矮生树，这样既可绿化街景，又可减弱声反射；④在干道两侧也可设置一定宽度的防噪绿带，作为和居住用地隔离的地带。这种防噪绿带宜选用常绿的或落叶期短的树种，高低配植组成林带，方能起减噪作用，这种林带每米宽减噪量约为 0.1~0.25dB。降噪绿带的宽度一般需要 10m 以上。这种措施对于城市环线干道较为适用。

生活性道路只允许通行公共交通车辆、轻型车辆和少量为生活服务的货运车辆。必要时可对货运车辆的通行进行限制，严禁拖拉机行驶。在生活性道路两侧可布置公共建筑或居住建筑，但必须仔细考虑防噪布局。当道路为东西向时，两侧建筑群宜采用平行式布局，路南侧如布置居住建筑，可将次要的辅助房间，如厨房、卫生间、储藏室等朝街面北布置，或朝街一面设计为外廊式并装隔声窗。路北侧可将商店等公共建筑或一些无污染、较安静的第三产业集中成条状布置临街处，以构成基本连续的防噪障壁，并方便居民生活。当道路为南北向时，两侧建筑群布局可采用混合式。路西临街布置低层非居住性障壁建筑，如商店等公共建筑，住宅垂直道路布置。这时公共建筑与住宅应分开布置，方能使公共建筑起声屏障的作用。路东临街布置防噪居住建筑。建筑的高度应随着离开道路距离的增加而逐渐增高，可利用前面的建筑作为后面建筑的防噪障壁，使暴露于高噪声级中的立面面积尽量减少。

（2）工业区远离居住区 在城市总体规划中，工业区应远离居住区。有噪声干扰的工业区须用防护地带与居住区分开，布置时还要考虑主导风向。现有居住区内的高噪声级的工厂应迁出居住区，或改变生产性质，采用低噪声工艺或经过降噪处理来保证邻近住房的安静，等效声级低于 55dB 及无其他污染的工厂，宜布置在居住区内靠近道路处。

（3）居住区中人口控制规划　城市噪声随着人口密度的增加而增大。美国环保局发布的资料指出，城市噪声与人口密度之间有如下关系：

$$L_{dn} = 10\lg\rho + 22 \tag{6-1}$$

式中　ρ——人口密度，人/km²；

　　　L_{dn}——昼夜等效声级，dB。

2. 道路交通噪声控制

城市道路交通噪声控制是一个涉及城市规划建设、噪声控制技术、行政管理等多方面的综合性问题。从世界各国的经验看，比较有效的措施是研究低噪声车辆，改进道路的设计，合理规划城市，实施必要的标准和法规。

（1）低噪声车辆　目前，我国绝大多数载重汽车和公共汽车噪声是 88～91dB，一般小型车辆为 82～85dB。因此，85dB 为低噪声重型车辆的指标。整车噪声降低到 80dB 以下，要求汽车部件噪声级在 7.5m 处低于表 6-4 的数值。

表 6-4　汽车部件噪声级

部件名称	噪声级/dB	部件名称	噪声级/dB
发动机(包括齿轮箱)	≤77	传动轴	≤69
进气	≤69	冷却风扇	≤69
轮胎	75～77	排气	≤69

电动汽车加速性能较好，特别适用于城市中启动和停车频繁的公共交通车辆。典型的电动公共汽车，在停车时的噪声级为 60dB，45km/h 行驶的噪声级为 76～77dB。电动公共汽车的噪声比一般内燃机公共汽车噪声低 10～12dB，其主要噪声为轮胎噪声。

（2）道路设计　随着车流量的增加，车速的增高，尤其是高速公路的发展，道路两侧的噪声将增高。因此，在道路规划设计中必须考虑噪声控制问题。如前所提及的道路布局、声屏障设置等必须考虑外，还必须考虑路面质量问题等。国外已普及低噪声路面，我国正在积极研制和推广。在交叉路口采用立体交叉结构，减少车辆的停车和加速次数，可明显降低噪声。在同样的交通流量下，立体交叉处的噪声比一般交叉路口噪声低 5～10dB。又如在城市道路规划设计时，应多采用往返双行线。在同样运输量时，单行线改为双行线，噪声可以减少 2～5dB。

（3）合理城市规划，控制交通噪声　影响城市交通噪声的重要因素是城市交通状况，合理地进行城市规划和建设是控制交通噪声的有效措施之一。表 6-5 列出一些利用城市规划方法控制交通噪声的实用效果。

表 6-5　利用城市规划方法控制交通噪声

控 制 噪 声 方 法	实 用 效 果
居住区远离交通干线和重型车辆通行道路	距离增加 1 倍,噪声降低 4～5dB
按声环境功能区进行合理区域规划	噪声降 5～10dB
利用商店等公共场所做临街建筑,隔离噪声	噪声降 7～15dB
道路两侧采用专门设计的声屏障	噪声降 5～15dB
减少交通流量	流量减一倍,噪声降 3dB
减少车辆行驶速度	每减少 10km/h,噪声降 2～3dB
减少车流量中重型车辆比例	每减少 10%,噪声降 1～2dB
增加临街建筑的窗户隔声效果	噪声降 5～20dB
临街建筑的房间合理布局	噪声降 10～15dB
禁止汽车使用喇叭	噪声降 2～5dB

三、噪声管理

城市噪声污染行政管理的依据是环境噪声污染防治法，人们期望生活在没有噪声干扰的安静环境中，但完全没有噪声是不可能的，也没有必要，人在没有任何声音的环境中生活，不但不习惯，还会引起恐惧，因此我们要把强大噪声降低到对人无害的程度，把一般环境噪声降低到对脑力活动或休息不致干扰的程度，这就需要有一个噪声控制标准，20 世纪 70 年代以来，我国已制定了一系列噪声标准。

许多地方政府，也根据国家声环境质量标准，划定本行政区域内各类声环境质量标准的适用区域，并进行管理。

为了保证制定的声环境质量标准的实施，保障人民群众在适宜的声环境中生活和工作，必须防治噪声污染。1989 年国务院颁布了《中华人民共和国环境噪声污染防治条例》，1996 年全国人大通过了《中华人民共和国环境噪声污染防治法》（1997 年 3 月 1 日起实施），该法中明确规定，所谓"环境噪声污染，是指产生的环境噪声超过国家规定的环境噪声排放标准，并干扰他人正常生活、工作、学习的现象"，有关的主要规定有：

① 城市规划部门在确定建设布局时，应当依据国家声环境质量和民用建筑隔声设计规范，合理规定建筑物与交通干线的防噪声距离，并提出相应的规划设计要求。

② 建设项目可能产生环境噪声污染的，建设单位必须提出环境影响报告书，规定环境噪声污染的防治措施，并按国家规定的程序报环境保护政策主管部门批准。

③ 建设项目的环境污染防治设施必须与主体工程同时设计、同时施工、同时投产使用。建设项目在投入生产或使用之前，其环境噪声污染防治措施必须经原审批环境影响报告书的环境保护行政和管理部门验收，达不到国家规定要求的，该建设项目不得投入生产或者使用。

④ 产生环境噪声污染的企业事业单位，必须保持防治环境噪声污染设施的正常使用，拆除或者闲置环境噪声污染防治设施的，必须事先报经所在地的县级以上地方人民政府环境保护行政主管部门批准。

⑤ 对于在噪声敏感建筑物集中区域内造成严重环境噪声污染的企业事业单位，限期治理。限期治理的单位必须按期完成任务。

⑥ 国家对环境噪声污染严重的落后设备实行淘汰制。

⑦ 在城市范围内从事生产活动确需排放偶发强噪声的，必须事先向当地公安机关提出申请，经批准后方可进行。

⑧ 在城市范围内向周围生活环境排放工业噪声的，应当符合国家规定的工业企业厂界环境噪声排放标准。

⑨ 在城市市区范围内向周围生活环境排放建筑施工噪声的，应当符合国家规定的建筑施工场界环境噪声排放标准。

⑩ 建设经过已有噪声敏感建筑物区域的高速公路和城市高架、轻轨道路，有可能造成环境噪声污染的项目，应当设置声屏障或者采取其他有效的控制环境噪声污染的措施。

⑪ 已有的城市交通干线的两侧建设噪声敏感建筑物的，建设单位应当按国家规定的隔一定的距离，并采取减轻、避免交通噪声影响的措施。

⑫ 新建营业性文化娱乐场所的边界噪声必须符合国家规定的环境噪声排放标准，不符合国家规定的环境噪声排放标准的，文化行政主管部门不得核发文化经营许可证，工商行政管理部门不得核发营业执照。

⑬ 禁止任何单位、个人在城市市区噪声敏感建筑物集中区域内使用高音广播喇叭。在城市市区街道、广场、公园等公共场所组织娱乐、集会等活动，使用音响器材可能产生干扰周围生活环境的，其音量大小必须遵守当地公安机关的规定。

一些城市和地区根据当地情况，还制定适用于本地区的标准和条例，例如许多城市规定市区内禁放鞭炮，主要街道或市区内所有街道机动车辆禁鸣喇叭等。

四、城市绿地降噪

城市绿化不仅美化环境，净化空气，同时在一定条件下，对减少噪声污染也是一项不可忽视的措施。

声波在厚草地上面或穿过灌木丛传播时，在 1000Hz 衰减较大，可高达 23dB/100m，可用经验公式表示：

$$A_{gl} = (0.18\lg f - 0.31)r \qquad (6\text{-}2)$$

式中　A_{gl}——声波在厚草地上面或穿过灌木丛传播时的衰减量，dB；

　　f——声波频率，Hz；

　　r——距离，m。

声波穿过树林传播的实验表明，对不同的树林，衰减量的差别很大，浓密的常绿树在 1000Hz 时有 23dB/100m 的衰减量，稀疏的树干只有 3dB/100m 的衰减量，若对各种树林求一个平均的衰减

量，大致为

$$A_{g2} = 0.01 f^{1/3} r \tag{6-3}$$

图 6-2 是落叶树和常绿树混合的浓密树林中的声衰减量。

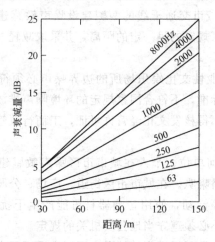

图 6-2　视线可达 2.4m 的浓密树林中的声衰减值

　　总的说来，要靠一两排树木来降低噪声，其效果是不明显的，特别是在城市中，不可能有大片的树林，但如果能种上几排树木，开辟一些草地，增大道路与住宅之间的距离，则不但能增加噪声衰减量，而且能美化环境。绿化带的存在，对降低人们对噪声的主观烦恼度，有一定的积极作用。

　　在铁路穿越市区的路段，营造宽度较大的（如 15～20m 以上）绿化带，对降低噪声有较大的作用。

习　　题

　　1. 试述噪声控制的一般原则和基本程序。

　　2. 按发声的机理划分，噪声源分几类？比较机械噪声源和空气动力性噪声源的异同。

　　3. 污染城市声环境的声源有几类？你所在的城市哪类是最主

要的噪声源？如何控制？

4. 某城市交通干道侧的第一排建筑物距道路边沿 20m，夜间测得建筑物前交通噪声 62dB(1000Hz)，若在建筑物和道路间种植 20m 宽的厚草地和灌木丛，建筑物前的噪声为多少？欲使达标，绿地需多宽？

第七章　环境放射性监测

环境放射性监测是环境保护工作中的一项重要任务，尤其在当今世界，原子能工业迅速发展，核武器爆炸、核事故屡有发生，放射性物质在医学、国防、航天、科研、民用等领域的应用不断扩大，有可能使环境中的放射性水平高于天然本底值，甚至超过规定标准，构成放射性污染，危害人体和生物。为此，有必要对环境中的放射性物质进行经常性的检测和监督。

第一节　基础知识

一、放射性

1. 放射性核衰变

原子是由原子核和围绕原子核按一定能级运行的电子所组成的。原子核由质子和中子组成，它们又称为核子。有些原子核是不稳定的，能自发地改变核结构，这种现象称核衰变。在核衰变过程中总是放射出具有一定动能的带电或不带电的粒子，即 α、β 和 γ 射线，这种现象称为放射性。例如，核素 ^{226}Ra 和 ^{60}Co 的衰变可用图 7-1 表示。图中数字分别标明了核衰变过程的半衰期（$T_{1/2}$）、分枝衰变的强度百分数和以百万电子伏特（MeV）为单位的发射粒子能量。

天然不稳定核素能自发放出射线的特性称为"天然放射性"；通过核反应由人工制造出来的核素的放射性称为"人工放射性"。

决定放射性核素性质的基本要素是放射性衰变类型、放射性活度和半衰期。

2. 放射性衰变的类型

（1）α 衰变　α 衰变是不稳定重核（一般原子序数大于 82）自

136

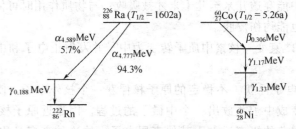

图 7-1 ^{226}Ra 和 ^{60}Co 的核衰变

发放出 ^{4}He 核（α 粒子）的过程。如 ^{226}Ra 的 α 衰变可写成：

$$^{226}\mathrm{Ra} \longrightarrow \,^{222}\mathrm{Rn} + \,^4\mathrm{He}。$$

不同核素所放出的 α 粒子的动能不等，一般在 2～8MeV 范围内。^{222}Rn、^{218}Po、^{210}Po 等核素在衰变时放出单能 α 射线；^{231}Pa、^{226}Ra、^{212}Bi 等核素在衰变时放出几种能量不同的 α 射线和能量较低的 γ 射线。图 7-1 所示的 ^{226}Ra 衰变有两种方式（分枝衰变），第一种方式是 ^{226}Ra 放射出 4.777MeV 的 α 粒子后变成基态的 ^{222}Rn，这种方式的概率占 94.3%；另一种方式是 ^{226}Ra 放射出 4.589MeV 的 α 粒子后变成激发态的 ^{222}Rn，然后很快地跃迁至基态 ^{222}Rn 并放射出 0.188MeV 的 γ 射线，这种衰变方式的概率占 5.7%。

α 粒子的质量大，速度小，照射物质时易使其原子、分子发生电离或激发，但穿透能力小，只能穿过皮肤的角质层。

（2）β 衰变

β 衰变是放射性核素放射 β 粒子（即快速电子）的过程，它是原子核内质子和中子发生互变的结果。β 衰变可分为 β$^-$ 衰变、β$^+$ 衰变和电子俘获三种类型。

① β$^-$ 衰变   β$^-$ 衰变是核素中的中子转变为质子并放出一个 β$^-$ 粒子和中微子的过程。β$^-$ 粒子实际上是带一个单位负电荷的电子。许多 β 衰变的放射性核素只发射 β 粒子，不伴随其他的射线，如 ^{14}C、^{32}P、^{90}Cs 等，但更多 β 衰变的核素常常伴有 γ 射线，如 ^{60}Co 衰变时，除放射出 β 粒子外，还放射两种 γ 射线。

β 射线的电子速度比 α 射线高 10 倍以上，其穿透能力较强，

137

在空气中能穿透几米至几十米才被吸收；与物质作用时可使其原子电离，也能灼伤皮肤。

② β⁺ 衰变 核素中质子转变为中子并发射正电子和中微子的过程。

③ 电子俘获 不稳定的原子核俘获一个核外电子，使核中的质子转变成中子并放出一个中微子的过程。因靠近原子核的 K 层电子被俘获的概率远大于其他壳层电子，故这种衰变又称为 K 电子俘获。例如：

$$\ce{^{55}_{26}Fe ->[{K 俘获}] ^{55}_{25}Mn}$$

当 K 壳层电子被俘获后，该壳层产生空位，则更高能级的电子可来填充空位，同时放射特征 X 射线。

（3）γ 衰变

γ 射线是原子核从较高能级跃迁到较低能级或者基态时所放射的电磁辐射。这种跃迁对原子核的原子序数和原子质量数都没影响，所以称为同质异能跃迁。某些不稳定的核素经过 α 或 β 衰变后仍处于高能状态，很快（约 10^{-13} s）再发射出 γ 射线而达稳定态。

γ 射线是一种波长很短的电磁波（约为 $0.007 \sim 0.1$ nm），故穿透能力极强，它与物质作用时产生光电效应、康普顿效应、电子对生成效应等。

3. 放射性活度和半衰期

（1）放射性活度（强度）

放射性活度系指单位时间内发生核衰变的数目。可表示为

$$A = -\frac{dN}{dt} = \lambda N$$

式中 A——放射性活度（s^{-1}），活度单位的专门名称为贝可，用符号 Bq 表示。$1Bq = 1s^{-1}$；

　　　N——某时刻的核素数；

　　　t——时间，s；

　　　λ——衰变常数，表示放射性核素在单位时间内的衰变概率。

（2）半衰期

当放射性的核素因衰变而减少到原来的一半时所需的时间称为半衰期（$T_{1/2}$）。衰变常数（λ）与半衰期有下列关系：

$$T_{1/2} = \frac{0.693}{\lambda}$$

半衰期是放射性核素的基本特性之一，不同核素 $T_{1/2}$ 不同。如 ^{212}Po 的 $T_{1/2} = 3.0 \times 10^{-7}$ 年，而 ^{238}U 的 $T^{1/2} = 4.5 \times 10^9$ 年。因为放射性核素每一个核的衰变并非同时发生，而是有先有后，所以对一些 $T_{1/2}$ 长的核素，一旦发生核污染，要通过衰变令其自行消失，需时是十分长久的。例如，^{90}Sr 的 $T_{1/2} = 29$ 年，一定质量的 ^{90}Sr 衰变掉 99.9% 所需时间可由下式算出：

$$\lambda = \frac{0.693}{T_{1/2}} = 2.39 \times 10^{-2}\,(a^{-1})$$

$$A = -\frac{dN}{dt} = \lambda N$$

则

$$N = N_0 e^{-\lambda t}$$

$$\lg \frac{N_0}{N} = \frac{\lambda \cdot t}{2.303}$$

$$t = 2.303 \times \frac{1}{2.39 \times 10^{-2}} \times \lg \frac{1}{0.001} = 289\,(a)$$

4. 核反应

所谓核反应，是指用快速粒子打击靶核而给出新核（核产物）和另一粒子的过程。进行核反应的方法主要有：用快速中子轰击发生核反应；吸收慢中子的核反应；用带电粒子轰击发生核反应；用高能光子照射发生核反应等。其中，最重要的是重核裂变反应，如可作为裂变材料的 ^{235}U、^{239}U、^{232}U 被装载在反应堆或原子弹中，经热中子轰击后释放出大量原子能，其本身同时裂成各种碎片（^{131}I、^{90}Sr、^{137}Cs 等）。

二、照射量和剂量

照射量和剂量都是表征放射性粒子与物质作用后产生的效应及其量度的术语。

1. 照射量

照射量被定义为

$$X = \frac{\mathrm{d}Q}{\mathrm{d}m}$$

式中　$\mathrm{d}Q$——γ 或 X 射线在空气中完全被阻止时，引起质量为 $\mathrm{d}m$ 的某一体积元的空气电离所产生的带电粒子（正的或负的）的总电量值（C）；

　　　X——照射量，它的 SI 单位为 C/kg，与它暂时并用的专用单位是伦琴（R），简称伦。

$$1R = 2.58 \times 10^{-4} \mathrm{C/kg}$$

伦琴单位的定义是凡 1 伦琴 γ 或 X 射线照射 1cm^3 标准状况下（0℃和 101.325kPa）的空气，能引起空气电离而产生 1 静电单位正电荷和 1 静电单位负电荷的带电粒子。这一单位仅适用于 γ 和 X 射线透过空气介质的情况，不能用于其他类型的辐射和介质。

2. 吸收剂量

它用于表示在电离辐射与物质发生相互作用时单位质量的物质吸收电离辐射能量大小的物理量。其定义用下式表示：

$$D = \frac{\mathrm{d}\bar{E}_{\mathrm{D}}}{\mathrm{d}m}$$

式中　D——吸收剂量；

　　$\mathrm{d}\bar{E}_{\mathrm{D}}$——电离辐射给予质量为 $\mathrm{d}m$ 的物质的平均能量。

吸收剂量的 SI 单位为 J/kg，单位的专门名称为戈瑞，简称戈，用符号 Gy 表示。

$$1Gy = 1J/kg$$

与戈瑞暂时并用的专用单位是拉德（rad）

$$1rad = 10^{-2}Gy$$

吸收剂量单位可适用于内照射和外照射。现已广泛应用于放射生物学、辐射化学、辐射防护等学科。

吸收剂量有时用吸收剂量率（P）来表示。它定义为单位时间内的吸收剂量，即

$$P = \frac{\mathrm{d}D}{\mathrm{d}t}$$

其单位为 Gy/s 或 rad/s。

　　3. 剂量当量

　　剂量当量（H）定义为：在生物机体组织内所考虑的一个体积单元上吸收剂量、品质因数和所有修正因素的乘积，即

$$H = DQN$$

式中　D——吸收剂量，Gy；

　　　　Q——品质因数，其值决定于导致电离粒子的初始动能、种类及照射类型等（见表 7-1）；

　　　　N——所有其他修正因数的乘积。

　　表 7-1 中，外照射是指宇宙射线及地面上天然放射性核素发射的 β 和 γ 射线对人体的照射。内照射是指通过呼吸和消化系统进入人体内部的放射性核素造成的照射。

表 7-1　品质因数与照射类型、射线种类的关系

照 射 类 型	射 线 种 类	品 质 因 数
外照射	X、γ、e	1
	热中子及能量小于 0.005MeV 的中能中子	3
	中能中子（0.05MeV）	5
	中能中子（0.1MeV）	8
	快中子（0.5～10MeV）	10
	重反冲核	20
内照射	β^-、β^+、γ、e、X	1
	α	10
	裂变碎片、α 发射中的反冲核	20

注：1. 单位时间内的剂量当量称为剂量当量率。其单位为 Sv/s 或 rem/s。
　　2. 此外，还有累积剂量、最大容许剂量、致死剂量等。

　　剂量当量（H）的 SI 单位为 J/kg，单位的专门名称为希沃特(Sv)。

$$1\mathrm{Sv} = 1\mathrm{J/kg}$$

　　与希沃特暂时并用的专用单位是雷姆（rem）

$$1\mathrm{rem} = 10^{-2}\mathrm{Sv}$$

　　应用剂量当量来描述人体所受各种电离辐射的危害程度，可以

141

表达不同种类的射线在不同能量及不同照射条件下所引起生物效应的差异。在计算剂量当量时，也就必须预先指定这些条件。对β粒子或γ射线来说，以雷姆为单位的剂量当量和以拉德为单位的剂量在数值上是相等的。

第二节　环境中的放射性

一、环境中放射性的来源

环境中的放射性来源于天然的和人为的放射性核素。

1. 天然放射性的来源

（1）宇宙射线及其引生的放射性核素　宇宙射线是一种从宇宙空间射到地面来的射线，由初级宇宙射线和次级宇宙射线组成。初级宇宙射线指从宇宙空间射到地球大气层的高能辐射，主要成分为质子（83%～89%）、α粒子（10%～15%）及原子序数$Z \geqslant 3$的轻核和高能电子（1%～2%），这种射线能量很高，可达10^{20} eV以上。次级宇宙射线是初级宇宙射线进入大气层后与空气中的原子核相互碰撞，引起核反应并产生一系列其他粒子，通过这些粒子自身转变或进一步与周围物质发生作用，就形成次级宇宙射线。在海平面上所观察到的次级宇宙射线由介子（约70%）、核子和电子（约30%）组成。其强度在不同纬度和海拔高度有所不同。

由宇宙射线与大气层、土壤、水中的核素发生反应产生的放射性核素约有20种，其中具有代表性的有^{14}N (n, T)^{12}C反应产生的氚，^{14}N捕获中子产生的^{14}C。天然性的氚，有1/4是由宇宙射线中的中子与^{14}N作用产生的，其余的是大气中原子核被宇宙射线中的高能粒子击碎后形成的。天然存在的^{14}C是宇宙射线中的中子和天然存在的^{14}N作用得到的核反应产物。

（2）天然系列放射性核素　多数天然放射性核素在地球起源时就存在于地壳之中，经过天长日久的地质年代，母体和子体之间已达到放射性平衡，从而建立了放射性核素的系列。这种系列有三个（见图7-2）：即铀系，其母体是^{238}U；锕系，其母体是^{235}U；钍系，

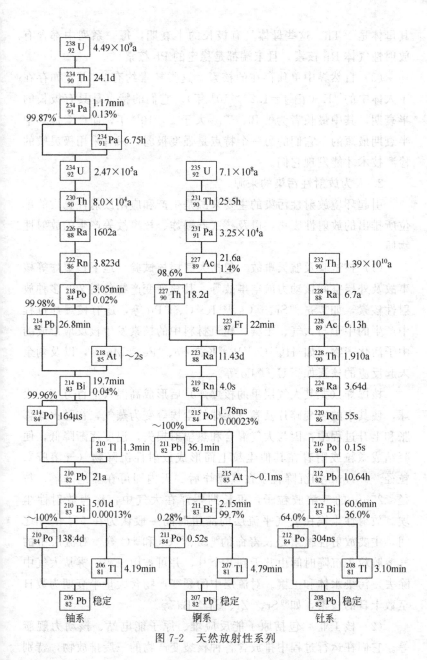

图 7-2 天然放射性系列

其母体是^{232}Th。这些母体具有极长的半衰期，每一系列中都含有放射性气体 Rn 核素，且末端都是稳定的 Pb 核素。

（3）自然界中单独存在的核素　这类核素约有 20 种，如存在于人体中的^{40}K（$T_{1/2}=1.26\times10^9$ 年）。它们的特点是具有极长的半衰期，其中最长者为^{209}Bi，$T_{1/2}$ 大于 2×10^{18} 年，而^{40}K 是其中半衰期最短的。它们的另一个特点是强度极弱，只有采用极灵敏的检测技术才能发现它们。

2. 人为放射性污染的来源

引起环境放射性污染的主要来源是生产和应用放射性物质的单位所排出的放射性废物，以及核武器爆炸、核事故等产生的放射性物质。

（1）核试验及航天事故　包括大气层核试验、地下核爆炸等核事故及外层空间核动力航空事故等。其核裂变产物包括 200 多种放射性核素，如^{89}Sr、^{90}Sr、^{137}Cs、^{131}I、^{14}C、^{239}Pu 等，还有核爆炸过程中产生的中子与大气、土壤、建筑材料中的核素发生核反应形成的中子活化产物，如^{3}H、^{14}C、^{32}P、^{42}K、^{55}Fe、^{59}Fe、^{56}Mn 等，以及剩余未起反应的核素如^{235}U、^{239}Po 等。

核爆炸（尤其大气层里的核爆炸）后形成高温（上百万度）火球，使其中的裂变碎片及卷进火球的尘埃等变为蒸气，在随火球膨胀和上升过程中，因与大气混合和热辐射损失，温度逐渐降低，便凝结成微粒或附着在其他尘粒上而形成放射性沉降物（气溶胶）。粒径>0.1mm 的沉降粒子在核爆炸后一天内即可在当地降落，粒径$<25\mu$m 的气溶胶粒子，可长期飘浮在大气中，称为放射性尘埃。放射性尘埃在大气平流层的滞留时间一般认为在 $0.3\sim3a$ 之间，主要放射性核素是长寿命的^{90}Sr、^{137}Cs 和^{14}C 等。对流层中的气溶胶粒子沉降时间由几天到几个月，并可被雨、雪、雾从大气中除去，污染水体和土壤。对流层中的裂变产物含大量半衰期为数日至数十日的核素，如^{89}Sr、^{95}Zr、^{131}I、^{40}Ba 等。

（2）核工业　包括原子能反应堆、原子能电站、核动力舰艇等。它们在运行过程中排放含各种核裂变产物的三废排放物，特别是发生事故时，将会有大量放射性物质泄漏到环境中去，造成严重污染事故。如英国温茨凯制钚厂反应堆事故，美国三哩岛和苏联切尔诺贝利核电站事故等。

（3）工农业、医学、科研等部门的排放废物　这些部门使用放射性核素日益广泛，其排放废物也是主要的人为污染源之一。例如，医学上使用^{60}Co、^{131}I等放射性核素已达几十种，发光钟表工业应用放射性同位素作长期的光激发源；科研部门利用放射性同位素进行示踪试验等。

（4）放射性矿的开采和利用　在稀土金属和其他共生金属矿开采、提炼过程中，其三废排放物中含有铀、钍、氡等放射性核素，将造成所在局部地区的污染。

二、放射性核素在环境中的分布

1. 在土壤和岩石中的分布

土壤和岩石中天然放射性核素的含量变动很大，主要决定于岩石层的性质及土壤的类型。某些天然放射性核素在土壤和岩石中含量的估计值列于表 7-2。

表 7-2　土壤、岩石中天然放射性核素的含量/(Bq/g)

核　素	土　壤	岩　石
^{40}K	$2.96 \times 10^{-2} \sim 8.88 \times 10^{-2}$	$8.14 \times 10^{-2} \sim 8.14 \times 10^{-1}$
^{226}Ra	$3.7 \times 10^{-3} \sim 7.03 \times 10^{-2}$	$1.48 \times 10^{-2} \sim 4.81 \times 10^{-2}$
^{232}Th	$7.4 \times 10^{-4} \sim 5.55 \times 10^{-2}$	$3.70 \times 10^{-3} \sim 4.81 \times 10^{-2}$
^{238}U	$1.11 \times 10^{-3} \sim 2.22 \times 10^{-2}$	$1.48 \times 10^{-2} \sim 4.81 \times 10^{-2}$

2. 在水体中的分布

海水中天然放射性核素主要是^{40}K、^{87}Rb 和铀系元素。含量与所处地域、流动状态、淡水和淤泥入海情况等有关。淡水中天然放射性核素含量与接触的岩石、水文地质、大气交换及其理化性质等因素有关。一般地下水所含放射性核素高于地面水，且铀、镭的含量变化较大。表 7-3 列出各类淡水中^{226}Ra 及其子体产物的含量。

3. 在大气中的分布

大多数放射性核素均可出现在大气中，但主要是氡的同位素

(特别是^{222}Rn)，它是镭的衰变产物，能从含镭的岩石、土壤、水体和建筑材料中逸散到大气，其衰变产物是金属元素，极易附着于气溶胶颗粒上。

表 7-3　各类淡水中^{226}Ra 及其子体产物的含量/(Bq/L)

核素	矿泉及深井水	地下水	地面水	雨水
^{226}Ra	$3.7×10^{-2}$~$3.7×10^{-1}$	$<3.7×10^{-2}$	$<3.7×10^{-2}$	—
^{222}Rn	$3.7×10^{2}$~$3.7×10^{3}$	3.7~37	$3.7×10^{-1}$	$3.7×10$~$3.7×10^{3}$
^{210}Pb	$<3.7×10^{-3}$	$<3.7×10^{-3}$	$<1.85×10^{-2}$	$1.85×10^{-2}$~$1.11×10^{-1}$
^{210}Po	$≈7.4×10^{-4}$	$≈7.4×10^{-4}$		$≈1.85×10^{-2}$

大气中氡的浓度与气象条件有关，日出前浓度最高，日中较低，二者间可相差 10 倍以上。一般情况下，陆地和海洋上的近地面大气中氡的浓度分别在 $1.11×10^{-3}$~$6×10^{-3}$ 和 $1.9×10^{-5}$~$2.2×10^{-3}$ Bq/L 范围。

4. 在动植物组织中的分布

任何动植物组织中都含有一些天然放射性核素，主要有^{40}K、^{226}Ra、^{14}C、^{210}Pb 和^{222}Po 等，其含量与这些核素参与环境和生物体之间发生的物质交换过程有关，如植物与土壤、水、肥料中的核素含量有关；动物与饲料、饮水中的核素含量有关。

三、人体中的放射性核素及其危害

放射性核素通过呼吸道吸入、消化道摄入、皮肤或黏膜侵入等三种途径进入人体并在体内蓄积（见图 7-3）。通常，每人每年从环境中受到的放射性辐射总剂量不超过 2 毫希沃特，其中，天然放射性本底辐射占 50% 以上，其余是人为放射性污染引起的辐射，见表 7-4。

表 7-4　人均接受环境中各种电离辐射剂量/[mSv/(人·a)]

辐射源	1970 年	2000 年	辐射源	1970 年	2000 年
天然本底	1.1	1.1	核电站辐射	0.004	0.005
医疗剂量	0.74	0.88	其他	0.027	0.011
核试验尘埃	0.04	0.05	总计	1.919	2.055
职业照射	0.008	0.009			

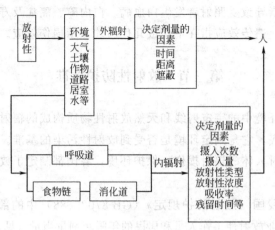

图 7-3　放射性物质辐射人体的途径

α、β、γ射线照射人体后，常引起肌体细胞分子、原子电离（称电离辐射），使组织的某些大分子结构被破坏，如使蛋白质及核糖核酸或脱氧核糖核酸分子链断裂等而造成组织破坏。

人体一次或短期内接受大剂量照射，将引起急性辐射损伤。如核爆炸、核反应堆事故等造成的损伤。

全身大剂量外照射会严重伤害人体的各组织、器官和系统，轻者出现发病症状，重者造成死亡。例如，全身吸收剂量达 5Gy 时，1～2 小时内即出现恶心、呕吐、腹泻等症状，一周后出现咽炎、体温上升、迅速消瘦等症状，第二周就会死亡，且死亡率 100%，此为致死剂量。当吸收剂量为 4Gy 时，数小时后出现呕吐，两周内毛发脱落，体温上升，三周内出现紫斑，咽喉感染，四周后有50% 受照射者死亡，存活者 6 个月后才能恢复健康，此为半致死剂量。如吸收剂量为 2Gy 时，经过大约一周的潜伏期，出现毛发脱落、厌食等症状。吸收剂量为 1Gy 时，将有 20%～25% 的受照射者发生呕吐等轻度急性放射病症状。0.5Gy 的剂量可使人体血象发生轻度变化。

辐射损伤还会产生远期效应、驱体效应和遗传效应。远期效应指急性照射后若干时间或较低剂量照射后数月或数年才发生病变。

驱体效应指导致受照射者发生白血病、白内障、癌症及寿命缩短等损伤效应。遗传效应指在下代或几代后才显示损伤效应。

第三节　放射性防护标准

自然环境中的宇宙射线和天然放射性物质构成的辐射称为天然放射性本底，它是判定环境是否受到放射性污染的基准。为防止放射性污染对人体的辐射损伤，保护环境，各国都制定了放射性防护标准。

一、我国《放射防护规定》（GB 8703—88）中的部分标准

1. 职业放射性工作人员和居民的年限制剂量当量（见表7-5）

表7-5　工作人员、居民年最大容许剂量当量

受照射部位		职业性放射性工作人员的年最大容许剂量当量(Sv)[①]	放射性工作场所、相邻及附近地区工作人员和居民的年最大容许剂量当量(Sv)[①]	广大居民年最大容许剂量当量(Sv)[②]
器官分类	器官名称			
第一类	全身、性腺、红骨髓、眼晶体	5×10^{-2}	5×10^{-3}	5×10^{-4}
第二类	皮肤、骨、甲状腺	3.0×10^{-1}	3×10^{-2}[②]	1×10^{-2}
第三类	手、前臂、足踝	7.5×10^{-1}	7.5×10^{-2}	2.5×10^{-2}
第四类	其他器官	1.5×10^{-1}	1.5×10^{-2}	5×10^{-3}

① 表内所列数值均指内、外照射的总剂量当量，不包括天然本底照射和医疗照射。

② 16岁以下人员甲状腺的限制剂量当量为1.5×10^{-2}Sv/a。

2. 露天水源中限制浓度和放射性工作场所空气中最大容许浓度

表7-6为与环境关系密切的部分放射性核素的限制浓度和最大容许浓度。

放射性同位素在放射性工作场所以外地区空气中的限制浓度，按表7-6放射性工作场所空气中的最大容许浓度乘以表7-7所列比值控制。

表 7-6　放射性同位素在露天水源中的限制浓度和放射性

表 7-6　放射性同位素在露天水源中的限制浓度和放射性工作场所空气中的最大容许浓度

| 放射性同位素 | | 露天水源中限制浓度 | 放射性工作场所空气中的最大容许浓度 |
名　称	符　号	/(Bq/L)	/(Bq/L)[①]
氚	^3H	1.1×10^4	1.9×10^2
铍	^7Be	1.9×10^4	3.7×10
碳	^{14}C	3.7×10^3	1.5×10^2
硫	^{35}C	2.6×10^2	1.1×10
磷	^{32}P	1.9×10^2	2.6
氩	^{41}Ar	—	7.4×10
钾	^{42}K	2.2×10^2	3.7
铁	^{55}Fe	7.4×10^3	3.3×10
钴	^{60}Co	3.7×10^2	3.3×10^{-1}
镍	^{59}Ni	1.1×10^3	1.9×10
锌	^{65}Zn	3.7×10^2	2.2
氪	^{85}Kr	—	3.7×10^2
锶	^{90}Sr	2.6	3.7×10^{-2}
碘	^{131}I	2.2×10	3.3×10^{-1}
氙	^{131}Xe	—	3.7×10^2
铯	^{137}Cs	3.7×10	3.7×10^{-1}
氡	^{220}Rn[②]		1.1×10
	^{222}Rn[②]		1.1
镭	^{226}Ra	1.1	1.1×10^{-3}
铀	^{235}U	3.7×10	3.7×10^{-3}
钍	^{232}Th	3.7×10^{-1}	7.4×10^{-3}

① 露天水源的限制浓度值是为广大居民规定的，其他人员也适用此标准。

② 放射性工作场所空气中的最大容许浓度值是为职业放射性工作人员规定的，工作时间每周按 40h 计算。

表 7-7　比值控制

| 放射性同位素 | 比　值 | |
	放射性工作场所相邻及附近地区	广大居民区
^3H、^{35}S、^{41}Ar、^{85}Kr、^{131}Xe、	1/30	1/300
^{14}C、^{55}Fe、^{59}Fi、^{65}Zn、^{90}Sr、^{226}Ra	1/30	1/200
其他同位素	1/30	1/100

二、其他国家和机构发布的有关环境放射性标准

其他国家和机构发布的有关环境放射性标准见表 7-8。

表 7-8　国外有关环境放射性标准

发布单位	公众成员/(Sv/a)	广大居民/(Sv/a)	发布时间
ICRP	50	不推荐具体数据	1977 年
美国	50	17	1971 年
前联邦德国	在监测区内；儿童 15,成人 50	由核设施排出的放射性物质产生的剂量应尽可能少,最高不超过 0.1,对甲状腺不超过 0.3	1977 年
前苏联	居民的有限部分 50	不推荐具体数据,要求在所有情况下,必须有采取尽量降低居民所受剂量及受照人数,减少废物量	1978 年

第四节　放射性测量实验室和检测仪器

由于放射性监测的对象是放射性物质，为保证操作人员的安全，防止污染环境，对实验室有特殊的设计要求，并需要制订严格的操作规程。测量放射性需要使用专门仪器。

一、放射性测量实验室

放射性测量实验室分为两个部分，一是放射化学实验室，二是放射性计测实验室。

1. 放射化学实验室

放射性样品的处理一般应在放射化学实验室内进行。为得到准确的监测结果和考虑操作安全问题，该实验室内应符合以下要求：①墙壁、门窗、天花板等要涂刷耐酸油漆，电灯和电线应装在墙壁内；②有良好的通风设施，大多数处理样品操作应在通风橱内进行，通风马达应装在管道外；③地面及各种家具面要用光平材料制作，操作台面上应铺塑料布；④洗涤池最好不要有尖角，放水用足踏式龙头，下水管道尽量少用弯头和接头等。此外，实验室工作人员应养成整洁、小心的优良工作习惯，工作时穿戴防护服、手套、

口罩，佩戴个人剂量监测仪等；操作放射性物质时用夹子、镊子、盘子、铅玻璃屏等器具，工作完毕后立即清洗所用器具并放在固定地点，还需洗手和淋浴；实验室必须经常打扫和整理，配置有专用放射性废物桶和废液缸。对放射源要有严格管理制度，实验室工作人员要定期进行体格检查。

上述要求的宽严程度也随实际操作放射性水平的高低而异。对操作具有微量放射性的环境类样品的实验室，上列各项措施中有些可以省略或修改。

2. 放射性计测实验室

放射性计测实验室装备有灵敏度高、选择性和稳定性好的放射性计量仪器和装置。设计实验室时，特别要考虑放射性本底问题。实验室内放射性本底来源于宇宙射线、地面和建筑材料甚至测量用屏蔽材料中所含的微量放射性物质，以及邻近放射化学实验室的放射性沾污等。对于消除或降低本底的影响，常采用两种措施，一是根据其来源采取相应措施，使之降到最低程度，二是通过数据处理，对测量结果进行修正。此外，对实验室供电电压和频率要求十分稳定，各种电子仪器应有良好接地线和进行有效的电磁屏蔽；室内最好保持恒温。

二、放射性检测仪器

放射性检测仪器种类多，需根据监测目的、试样形态、射线类型、强度及能量等因素进行选择。表7-9列举了各种常用放射性检测器。

放射性测量仪器检测放射性的基本原理基于射线与物质间相互作用所产生的各种效应，包括电离、发光、热效应、化学效应和能产生次级粒子的核反应等。最常用的检测器有三类，即电离型检测器、闪烁检测器和半导体检测器。

1. 电离型检测器

电离型检测器是利用射线通过气体介质时，使气体发生电离的原理制成的探测器。应用气体电离原理的检测器有电流电离室、正比计数管和盖革计数管（GM管）三种。电流电离室是测量由于电离作用而产生的电离电流，适用于测量强放射性；正比计数管和盖革计数管则是测量由每一入射粒子引起电离作用而产生的脉冲式电压变化，从而对入射粒子逐个计数，适于测量弱放射性。以上三种检测器之所以有不同的工作状态和不同的功能，主要是因为对它们施加的工作电压不同，从而引起电离过程不同。

表 7-9   各种常用放射性检测器

射线种类	检 测 器	特 点
α	闪烁检测器	检测灵敏度低,探测面积大
	正比计数管	检测效率高,技术要求高
	半导体检测器	本底小,灵敏度高,探测面积小
	电流电离室	测较大放射性活度
β	正比计数管	检测效率较高,装置体积较大
	盖革计数管	检测效率较高,装置体积较大
	闪烁检测器	检测效率较低,本底小
	半导体检测器	检测面积小,装置体积小
γ	闪烁检测器	检测效率高,能量分辨能力强
	半导体检测器	检测分辨能力强,装置体积小

（1）电流电离室   这种检测器用来研究由带电粒子所引起的总电离效应，也就是测量辐射强度及其随时间的变化。由于这种检测器对任何电离都有响应，所以不能用于甄别射线类型。

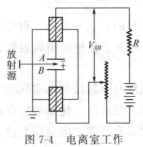

图 7-4   电离室工作
原理示意图

图 7-4 是电流电离室工作原理示意图。A、B 是两块平行的金属板，加于两板间的电压为 V_{AB}（可变），室内充空气或其他气体。当有射线进入电离室时，则气体电离产生的正离子和电子在外加电场作用下，分别向异极移动，电阻（R）上即有电流通过。电流与电压的关系如图 7-5 所示。开始时，随电压增大电流不断上升，待电离产生的离子全部被收集后，相应的电流达饱和

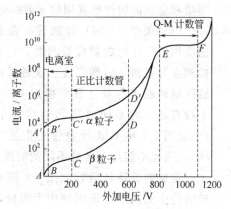

图 7-5 α、β 粒子的电离作用与外加
电压的关系曲线

值，如进一步有限地增加电压，则电流不再增加，达饱和电流时对应的电压称为饱和电压，饱和电压范围（*BC* 段）称为电流电离室的工作区。

由于电离电流很微小（通常在 10^{-12} A 左右或更小），所以需要用高倍数的电流放大器放大后才能测量。

（2）正比计数管 这种检测器在图 7-5 所示的电流-电压关系曲线中的正比区（*CD* 段）工作。在此，电离电子突破饱和值，随电压增加继续增大。这是由于在这样的工作电压下，能使初级电离产生的电子在收集极附近高度加速，并在前进中与气体碰撞，使之发生次级电离，而次级电子又可能再发生三级电离，如此形成"电子雪崩"，使电流放大倍数达 10^4 左右。由于输出脉冲大小正比于入射粒子的初始电离能，故定名为正比计数管。

正比计数管内充甲烷（或氩气）和碳氢化合物气体，充气压力同大气压，两极间电压根据充气的性质选定。这种计数管普遍用于 α 和 β 粒子计数，具有性能稳定、本底响应低等优点。因为给出的脉冲幅度正比于初级致电离粒子在管中所消耗的能量，所以还可用于能谱测定，但要求的条件是初级粒子必须将它的全部能量损耗在计数管的气体之内；由于这个原因，它大多用于低能 γ 射线的能谱

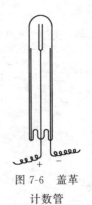

图 7-6　盖革
计数管

测量和鉴定放射性核素用的 α 射线的能谱测定。

（3）盖革（GM）计数管　盖革计数管是目前应用最广泛的放射性检测器，它被普遍地用于检测 β 射线和 γ 射线强度。这种计数器对进入灵敏区域的粒子有效计数率接近 100%；它的另一个特点是，对不同射线都给出大小不同的脉冲（参见图 7-5 中 GM 计数管工作区段 EF 线的形状），因此不能用于区别不同的射线。

常见的盖革计数管如图 7-6 所示。在一密闭玻璃管中间固定一条细丝作为阳极，管内壁涂一层导电物质或另放进一金属圆筒作为阴极，管内充约 1/5 大气压的惰性气体和少量有机气体（如乙醇、二乙醚、溴等），有机气体的作用是防止计数管在一次放电后发生连续放电。

图 7-7 是用盖革计数管测量射线强度的装置示意图。为减小本底计数和达到防护目的，一般将计数管放在铅或生铁制成的屏蔽室中，其他部件装配在一个仪器外壳内，合称定标器。

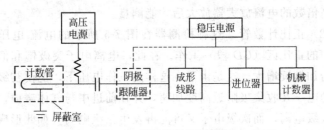

图 7-7　射线强度测量装置

2. 闪烁检测器

闪烁检测器是利用射线与物质作用发生闪光的仪器。它具有一个受带电粒子作用后其内部原子或分子被激发而发射光子的闪烁体。当射线照在闪光体上时，便发射出荧光光子，并且利用光导和反光材料等将大部分光子收集在光电倍增管的光阴极上。光子在灵敏阴极上打出光电子，经过倍增放大后在阳极上产生电压脉冲，此脉冲还是很小的，需再经电子线路放大和处理后记录下来。图 7-8

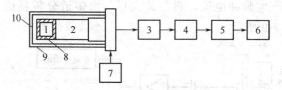

图 7-8 闪烁检测器测量装置

1—闪烁体；2—光电倍增管；3—前置放大器；4—主放大器；5—脉冲幅度分析器；
6—定标器；7—高压电源；8—光导材料；9—暗盒；10—反光材料

是这种检测器测量装置的工作原理；闪烁体的材料可用 ZnS，NaI，蒽、芪等无机和有机物质，其性能列于表 7-10 中。探测 α 粒子时，通常用 ZnS 粉末；探测 γ 射线时，可选用密度大、能量转化率高，可做成体积较大并且透明的 NaI(Tl) 晶体，因此特别适用于穿透力大的 γ 射线的检测。蒽、萘等的有机材料发光持续时间短，可用于高速计数和测量短寿命核素的半衰期。

表 7-10　主要闪烁材料性能

物　质	密度 /(g/cm³)	最大发光波长 /nm	对 β 射线的相对 脉冲高度	闪光持续时间 /×10⁻⁸s
ZnS(Ag) 粉[①]	4.10	450	200	4～10
NaI(Tl)[①]	3.67	420	210	30
蒽	1.25	440	100	3
芪	1.15	410	60	0.4～0.8
液体闪烁液	0.86	350～450	40～60	0.2～0.5
塑料闪烁体	1.06	350～450	28～48	0.3～0.5

① Ag、Tl 是激活剂。

　　闪烁检测器以其高灵敏度和高计数率的优点而被用于测量 α、β、γ 辐射强度。由于它对不同能量的射线具有很高的分辨率，所以可用测量能谱的方法鉴别放射性核素。这种仪器还可以测量照射量和吸收剂量。

　　3. 半导体检测器

　　半导体检测器的工作原理与电离型检测器相似，但其检测元件是固态半导体。当放射性粒子射入这种元件后，产生电子-空穴对，电子和空穴受外加电场的作用，分别向两极运动，并被电极所收集，从而产生脉冲电流，再经放大后，由多道分析器或计数器记录。如图 7-9 所示。

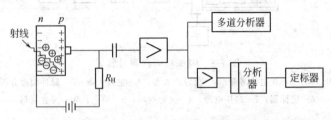

图 7-9　半导体检测器工作原理

半导体检测器可用做测量 α、β 和 γ 辐射。与前两类检测器相比，在半导体元件中产生电子-空穴所需能量要小得多。例如，对硅型半导体是 3.6eV，对锗型半导体是 2.8eV，而对 NaI 闪烁探测器来说，从其中发出一个光电子平均需能量 3000eV，也就是说，在同样外加能量下，半导体中生成电子-空穴对数比闪烁探测器中生成的光电子数多近 1000 倍。因此，前者输出脉冲电流大小的统计涨落比较小，对外来射线有很好的分辨率，适于作能谱分析。其缺点是由于制造工艺等方面的原因，检测灵敏区范围较小。但因为元件体积很小，较容易实现对组织中某点进行吸收剂量测定。

硅半导体检测器可用于 α 计数和测定 α 能谱及 β 能谱。对 γ 射线一般采用锗半导体作检测元件，因为它的原子序数较大，对 γ 射线吸收效果更好。在锗半导体单晶中渗入锂制成锂漂移型锗半导体元件，具有更优良的检测性能。因渗入的锂不取代晶格中的原有原子，而是夹杂其间，从而大大增大了锗的电阻率，使其在探测 γ 射线时有较大的灵敏区域。应用锂漂移型半导体元件时，因为锂在室温下容易逃逸，所以要在液氮制冷（−196℃）条件下工作。

第五节　放射性监测

一、监测对象及内容

放射性监测按照监测对象可分为：①现场监测，即对放射性物质生产或应用单位内部工作区域所作的监测；②个人剂量监测，即对放射性专业工作人员或公众作内照射和外照射的剂量监测；③环境监测，即对放射性生产和应用单位外部环境，包括空气、水体、土壤、生物、固体废物等所作的监测。

在环境监测中，主要测定的放射性核素为：①α放射性核素，即 ^{239}Pu、^{226}Ra、^{224}Ra、^{210}Rn、^{210}Po、^{222}Th、^{234}U 和 ^{235}U；②β放射性核素，即 ^{3}H、^{90}Sr、^{89}Sr、^{134}Cs、^{137}Cs、^{131}I 和 ^{60}Co。这些核素在环境中出现的可能性较大，其毒性也较大。

对放射性核素具体测量的内容有：①放射源强度，半衰期，射线种类及能量；②环境和人体中放射性物质含量、放射性强度、空间照射量或电离辐射剂量。

二、放射性监测方法

环境放射性监测方法有定期监测和连续监测。定期监测的一般步骤是采样、样品预处理、样品总放射性或放射性核素的测定，连续监测是在现场安装放射性自动监测仪器，实现采样、预处理和测定自动化。

对环境样品进行放射性测量和对非放射性环境样品监测过程一样，也是经过样品采集，样品预处理和选择适宜方法、仪器测定三个过程。

1. 样品采集

（1）放射性沉降物的采集　沉降物包括干沉降物和湿沉降物，主要来源于大气层核爆炸所产生的放射性尘埃，小部分来源于人工放射性微粒。

对于放射性干沉降物样品可用水盘法、粘纸法、高罐法采集。水盘法是用不锈钢或聚乙烯塑料制圆形水盘采集沉降物，盘内装有适量稀酸，沉降物过少的地区再酌加数毫克硝酸锶或氯化锶载体。将水盘置于采样点暴露 24h，应始终保持盘底有水。采集的样品经浓缩、灰化等处理后，作总β放射性测量。粘纸法系用涂一层油（松香加蓖麻油等）的滤纸贴在圆形盘底部（涂油面向外），放在采样点暴露 24h，然后再将粘纸灰化，进行总β放射性测量。也可以

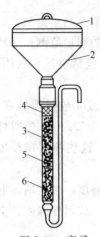

图 7-10　离子
交换树脂湿沉降
物采集器

1—漏斗盖；2—漏斗；
3—离子交换柱；4—滤
纸浆；5—阳离子交
换树脂；6—阴离
子交换树脂

用蘸有三氯甲烷等有机溶剂的滤纸擦拭落有沉降物的刚性固体表面（如道路、门窗、地板等），以采集沉降物。高罐法系用一不锈钢或聚乙烯圆柱形罐暴露于空气中采集沉降物。因罐壁高，故不必放水，可用于长时间收集沉降物。

　　湿沉降物系指随雨（雪）降落的沉降物。其采集方法除上述方法外，常用一种能同时对雨水中核素进行浓集的采样器，如图 7-10 所示。这种采样器由一个承接漏斗和一根离子交换柱组成。交换柱上下层分别装有阳离子交换树脂和阴离子交换树脂，欲收集核素被离子交换树脂吸附浓集后，再进行洗脱，收集洗脱液进一步作放射性核素分离。也可以将树脂从柱中取出，经烘干、灰化后制成干样品作总 β 放射性测量。

　　（2）放射性气溶胶的采集　　放射性气溶胶包括核爆炸产生的裂变产物，各种来源于人工放射性物质以及氡、钍射出的衰变子体等天然放射性物质。这种样品的采集常用滤料阻留采样法，其原理与大气中颗粒物的采集相同。

　　对于被 ^{3}H 污染的空气，因其在空气中主要存在形态是 HTO，所以除吸附法外，还常用冷阱法收集空气中的水蒸气作为试样。

　　（3）其他类型样品的采集　　对于水体、土壤、生物样品的采集、制备和保存方法与非放射性样品所用的方法没有大的差异。

　　2. 样品预处理

　　对样品进行预处理的目的是将样品处理成适于测量的状态，将样品的欲测核素转变成适于测量的形态并进行浓集，以及去除干扰核素。

158

常用的样品预处理方法有衰变法、有机溶剂溶解法、蒸馏法、灰化法、溶剂萃取法、离子交换法、共沉淀法、电化学法等。

（1）衰变法　采样后，将其放置一段时间，让样品中一些短寿命的非欲测核素衰变除去，然后再进行放射性测量。例如，测定大气中气溶胶的总α和总β放射性时常用这种方法，即用过滤法采样后，放置4～5小时，使短寿命的氡、钍子体衰变除去。

（2）共沉淀法　用一般化学沉淀法分离环境样品中放射性核素，因核素含量很低，达不到溶度积，故不能达到分离目的，但如果加入毫克数量级与欲分离放射性核素性质相近的非放射性元素载体，则由于二者之间发生同晶共沉淀或吸附共沉淀作用，载体将放射性核素载带下来，达到分离和富集的目的。例如，用^{59}Co作载体共沉淀^{60}Co，则发生同晶共沉淀；用新沉淀出来的水合二氧化锰作载体沉淀水样中的钚，则二者间发生吸附共沉淀。这种分离富集方法具有简便、实验条件容易满足等优点。

（3）灰化法　对蒸干的水样或固体样品，可在瓷坩埚内于500℃马弗炉中灰化，冷却后称重，再转入测量盘中铺成薄层检测其放射性。

（4）电化学法　该方法是通过电解将放射性核素沉积在阴极上，或以氧化物形式沉积在阳极上。如Ag^+、Bi^{2+}、Pb^{2+}等可以金属形式沉积在阴极上；Pb^{2+}、Co^{2+}可以氧化物的形式沉积在阳极上。其优点是分离核素的纯度高。

如果使放射性核素沉积在惰性金属片电极上，可直接进行放射性测量；如将其沉积在惰性金属丝电极上，可先将沉积物溶出，再制备成样品源。

（5）其他预处理方法　蒸馏法、有机溶剂溶解法、溶剂萃取法、离子交换法的原理和操作与非放射物质没有本质差别。

环境样品经用上述方法分解和对欲测放射性核素分离、浓集、纯化后，有的已成为可供放射性测量的样品源，有的尚需用蒸发、悬浮、过滤等方法将其制备成适于测量要求状态（液态、气态、固态）的样品源。蒸发法系指将样品溶液移入测量盘或承托片上，在红外灯下徐徐蒸干，制成固态薄层样品源，悬浮法系将沉淀形式的样品用水或适当有机溶剂进行混悬，再移入测量盘用红外灯徐徐蒸干。过滤法是将待测沉淀抽滤到已称重的滤纸上，用有机溶剂洗涤后，将沉淀连同滤纸一起移入测量盘中，置于干燥器内干燥后进行测量。还可以用电解法制备无载体的 α 或 β 辐射体的样品源；用活性炭等吸附剂浓集放射性惰性气体，再进行热解吸并将其导入电离室或正比计数管等探测器内测量，将低能 β 辐射体的液体试样与液体闪烁剂混合制成液体源，置于闪烁瓶中测量等。

3. 环境中放射性监测

（1）水样的总 α 放射性活度的测定　水体中常见辐射 α 粒子的核素有 ^{220}Ra、^{222}Rn 及其衰变产物等。目前公认的水样总 α 放射性浓度是 0.1Bq/L，当大于此值时，就应对放射 α 粒子的核素进行鉴定和测量，确定主要的放射性核素，判断水质污染情况。

测定水样总 α 放射性活度的方法是：取一定体积水样，过滤除去固体物质，滤液加硫酸酸化，蒸发至干，在不超过 350℃ 温度下灰化。将灰化后的样品移入测量盘中并铺成均匀薄层，用闪烁检测器测量。在测量样品之前，先测量空测量盘的本底值和已知活度的标准样品。测定标准样品（标准源）的目的是确定探测器的计数效率，以计算样品源的相对放射性活度，即比放射性活度。标准源最好是欲测核素，并且二者强度相差不大。如果没有相同核素的标准源，可选用放射同一种粒子而能量相近的其他核素。测量总 α 放射性活度的标准源常选择硝酸铀酰。水样的总 α 比放射性活度（Q_α）用下式计算：

$$Q_\alpha = \frac{n_c - n_b}{n_s \cdot V}$$

式中　Q_α——比放射性活度，Bq/L；

n_c——用闪烁检测器测量水样得到的计数率，计数/min；

n_b——空测量盘的本底计数率，计数/min；

n_s——根据标准源的活度计数率计算出的检测器的计数率，

计数/(Bq·min)；

V——所取水样体积，L。

（2）水样的总 β 放射性活度测量　水样总 β 放射性活度测量步骤基本上与总 α 放射性活度测量相同，但检测器用低本底的盖革计数管，且以含 ^{40}K 的化合物作标准源。

水样中的 β 射线常来自 ^{40}K、^{90}Sr、^{129}I 等核素的衰变，其目前公认的安全水平为 1Bq/L。^{40}K 标准源可用天然钾的化合物（如氯化钾或碳酸钾）制备。天然钾化合物中含 0.0119% 的 ^{40}K，比放射性活度约为 1×10^7Bq/g，发射率为 28.3β 粒子/(g·s) 和 3.3γ 射线/(g·s)。用 KCl 制备标准源的方法是：取经研细过筛的分析纯 KCl 试剂于 120～130℃烘干 2h，置于干燥器内冷却。准确称取与样品源同样重量的 KCl 标准源，在测量盘中铺成中等厚度层，用计数管测定。

（3）土壤中总 α、β 放射性活度的测量　土壤中 α、β 总放射性活度的测量方法是：在采样点选定的范围内，沿直线每隔一定距离采集一份土壤样品，共采集 4～5 份。采样时用取土器或小刀取 10×10cm^2、深 1cm 的表土。除去土壤中的石块、草类等杂物，在实验室内晾干或烘干，移至干净的平板上压碎，铺成 1～2cm 厚方块，用四分法反复缩分，直到剩余 200～300g 土样，再于 500℃灼烧，待冷却后研细、过筛备用。称取适量制备好的土样放于测量盘中，铺成均匀的样品层，用相应的探测器分别测量 α 和 β 比放射性活度（测 β 放射性的样品层应厚于测 α 放射性的样品层）。α 比放射性活度（Q_α）和 β 比放射性活度（Q_β）分别用以下两式计算：

$$Q_\alpha = \frac{(n_c - n_b) \times 10^6}{60 \cdot \varepsilon \cdot s \cdot l \cdot F}$$

$$Q_\beta = 1.48 \times 10^4 \frac{n_\beta}{n_{KCl}}$$

式中　Q_α——α 比放射性活度，Bq/kg 干土；

Q_β——β 比放射性活度，Bq/kg 干土；

n_c——样品 α 放射性总计数率，计数/min；

n_b——本底计数率，计数/min；

ε——检测器计数效率，计数/(Bq·min)；

s——样品面积，cm^2；

l——样品厚度，mg/cm^2；

F——自吸收校正因子，对较厚的样品一般取 0.5；

n_β——样品 β 放射性总计数率，计数/min；

n_{KCl}——氯化钾标准源的计数率，计数/min；

$1.48×10^4$——1kg 氯化钾所含 ^{40}K 的 β 放射性的贝可数。

（4）大气中氡的测定 ^{222}Rn 是 ^{226}Ra 的衰变产物，为一种放射性惰性气体。它与空气作用时，能使之电离，因而可用电离型探测器通过测量电离电流测定其浓度；也可用闪烁探测器记录由氡衰变时所放出的 α 粒子计算其含量。

前一种方法的要点是：用由干燥管、活性炭吸附管及抽气动力组成的采样器以一定流量采集空气样品，则气样中的 ^{222}Rn 被活性炭吸附浓集。将吸附氡的活性炭吸附管置于解吸炉中，于 350℃ 进行解吸，并将解吸出来的氡导入电离室，因 ^{222}Rn 与空气分子作用而使其电离，用经过 ^{226}Ra 标准源校准的静电计测量产生的电离电流（格），按下式计算空气中 ^{222}Rn 的含量（A_{Rn}）：

$$A_{Rn}=\frac{K\cdot(J_c-J_b)}{V}\cdot f$$

式中 A_{Rn}——空气中 ^{222}Rn 的含量，Bq/L；

J_b——电离室本底电离电流，格/min；

J_c——引入 ^{222}Rn 后的总电离电流，格/min；

V——采气体积，L；

K——检测仪器格值，Bq·min/格；

f——换算系数，据 ^{222}Rn 导入电离室后静置时间而定，可查表得知。

（5）大气中各种形态 ^{131}I 的测定 碘的同位素多，除 ^{122}I 的天然存在的稳定性同位素外，其余都是放射性同位素。^{131}I 是裂变产物之一，它的裂变产额较高，半衰期较短，可作为反应堆中核燃料

162

元件包壳是否保持完整状态的环境监测指标，也可以作为核爆炸后有无新鲜裂变产物的信号。

大气中的 ^{131}I 呈元素、化合物等各种化学形态和蒸气、气溶胶等不同状态，因此采样方法各不相同，图 7-11 为一种能收集各种形态 ^{131}I 的采样器的示意图，该采样器由粒子过滤器、元素碘吸附器、次碘酸吸附器、甲基碘吸附器和炭吸附床组成。对例行环境监测，可在低流速下连续采样一周或一周以上，然后用 γ 谱仪定量测定各种化学形态的 ^{131}I。

4. 个人外照射剂量

个人外照射剂量用佩戴在身体适当部位的个人剂量计测量，这是一种能对放射性辐射进行累积剂量的小型、轻便、容易使用的仪器。常用的个人剂量计有袖珍电离室、胶片剂量计、热释光体和荧光玻璃。

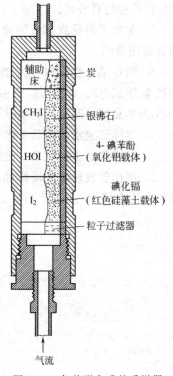

图 7-11 各种形态碘的采样器

（图中标注：辅助床、炭、CH$_3$I、银沸石、HOI、4-碘苯酚（氧化铝载体）、I$_2$、碘化镉（红色硅藻土载体）、粒子过滤器、气流）

习　题

1. 放射性核衰变有哪几种形式？各有什么特征？

2. 什么是放射性活度、半衰期、照射量和剂量？它们的单位及其物理意义是什么？

3. 造成环境放射性污染的原因有哪些？放射性污染对人体产生哪些危害作用？

4. ^{42}K 是一种 β 放射源，其半衰期为 12.36h，计算 2h、30h 和

60h 后残留的百分率。

5. 常用于测量放射性的检测器有哪几种？分别说明其工作原理和适用范围。

6. 测定某一受 ^{210}Po 放射性污染的试样，由盖革计数管测得的计数率为 256 次/s，经过 276d 后再测，其计数率为 64 次/s，求 ^{210}Po 的半衰期，问再过 270d 后的计数率应为多少？

7. 怎样测定水样中总 α 比放射性活度？

8. 怎样测定土壤中总 α 比放射性活度和总 β 比放射性活度？

9. 试比较放射性环境样品的采集方法与非放射性环境样品的采集方法有何不同之处？

第八章　电磁辐射的基本概念

一块琥珀经过摩擦后会吸起草屑，一把梳子经过摩擦后可以吸起纸片，一个磁铁则能把铁钉吸起来……这些现象都表明有电力与磁力作用的结果。虽然自古以来人们就已经知道这些力的存在，然而对于电学与磁学的系统研究，还只是在15、16世纪才有所发展。作为电磁学这门科学来讲，在20世纪才有了比较明确的认识，在众多科学工作者的辛勤工作基础上，得到了进一步的发展，几乎从来没有一门科学的成就能比电磁学更具有如此广泛而且深远的影响。

随着电磁学与电子电气设备的大量应用与发展，继之而来的是环境电磁工程学的形成与初步建立。环境电磁工程学是针对电磁污染，解决电磁危害而发展起来的。电磁污染是一种看不见、摸不着、听不到的辐射污染。为了更好地研究与论述电磁污染的控制治理技术，创造一个无污染的工作环境与生活环境，对电磁方面的几个基本的物理概念作些必要的介绍。

第一节　静　电　场

一、带电物体

当我们用毛皮摩擦橡胶棒，可以发现一个有趣的现象，经过摩擦后橡胶棒能把羽毛或小纸片等轻小物体吸起来。这种摩擦带电的物体称为带电物体。

物体带电，实际就是由得失电子所造成的。得到电子的物体因多余电子而带负电，失去电子的物体因缺少电子则带正电。

摩擦起电，其实质就是两个物体摩擦时，其中一个物体失去电子而带正电，另一个物体得到电子而带负电。所以，因摩擦而带电的两个物体总是带异性等量的电荷。

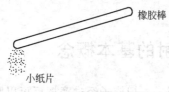

图 8-1　摩擦起电示意图

当两个带有等量异种电荷的物体相接触，带负电的物体将多余的电子传给带正电的物体，使两个物体都呈现电中性，这种现象称为电中和。

带电体之间存在的相互作用力称为电力。同性电荷表现为斥力，异性电荷表现为引力。这就是通常所说的同性电荷相斥，异性电荷相吸。

摩擦起电示意如图 8-1 所示。

二、导体、绝缘体、半导体

自然界里的物质，按导电性能不同，可分为导体、绝缘体、半导体三大类。

凡是具有良好导电能力的物体称为导体。在常温下，由于导体内存在着大量的自由电子，能够传导电流，所以能够导电。如铜、铝、铁等金属及各种酸、盐的水溶液等都是导体。

绝缘体，又称电介质，在通常的情况下，这类物体由于很少或几乎没有自由电子，因而几乎没有导电能力，称之为绝缘体。如云母、玻璃、橡胶、陶瓷、空气等非金属。

导电能力低于导体而高于绝缘体的物体，称为半导体。如锗、硅、金属氧化物和硫化物等都为半导体。

三、电场与电场强度

上面谈到，带电物体是由于物体上呈现有电荷。那么物体上的电荷又是从哪里来的呢？直到物理学家们弄清楚了"电场"时，这个谜底才得以揭开。

电荷本来是存在于一切物体之中的，一般情况下只不过正、负电荷的作用正好互相抵消，所以才没有被人们觉察到它们的存在。一旦用一个带电体靠近另一物体时，带电体所产生的电场将迫使另一物体内的正、负电荷发生分离。这就告诉我们电荷是由于电场的作用才显示出来的。

你可千万不要因为人的肉眼看不到电场，就不承认它的存在。只要有电荷，就必然有电场，它们形影不离。说到这里，不妨讲一个故事。

1960 年，我国登山队在攀登世界顶峰——珠穆朗玛峰时，有一夜正值狂风呼啸，为了防止狂风吹走帐篷，队员们只好用头顶着帐篷睡觉。然而，没过多长时间，大伙儿的头部突然感到针扎似的难受。这是为什么呢？经过仔细检查，奇怪地发现帐篷上面闪烁着一道道绿光。这绿色的火光，就是狂风吹刮帐篷发生强烈摩擦，从而产生很强的静电所引起的。由静电作用的空间，即为电场。同样，当行走的人与人握手，在干燥的冬季就会感到强烈电刺激，这也是电场作用的结果。

四、电场中的电介质

电介质分为无极和有极分子电介质两类。若组成电介质的分子当外电场不存在时，其正负电荷的中心重合，称为无极分子电介质。当外电场不存在时，分子的正负电荷中心不重合形成电偶极子，由电偶极子组成的电介质称为有极分子电介质。

处于电场中的电介质，由于组成电介质的分子不同，其极化过程是不一样的。

（1）由无极分子组成的电介质，例如 H_2、N_2、CH_4 等气体，在外电场作用下，分子的正负电荷中心发生位移，形成电偶极子。这些电偶极子沿着外电场的方向，排列起来，因此电介质的表面上出现了正负束缚电荷，称为无极分子的极化现象，如图 8-2 所示。

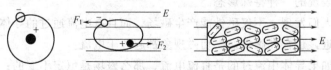

图 8-2　无极分子的极化示意

从图 8-2 不难看出，外电场愈强，分子的正负电荷中心的距离愈大，分子电矩也愈大，使得电介质表面所呈现的束缚电荷就愈多，电极化程度愈高。

(2) 由有极分子组成的电介质，例如 SO_2，H_2S 等，虽然每个分子都有一定的等效电矩，然而在没有外电场情况下，电矩排列杂乱无章，致使电介质呈电中性；当有外电场作用时，由于分子受到力矩的作用，使分子电矩沿外电场方向有规则排列起来。外电场愈大，分子偶极子排列愈整齐，电介质表面所出现的束缚电荷就愈多，电极化程度就愈高。有极分子在外电场方向上有规则地排列起来的现象，称为有极分子的极化，如图 8-3 所示。

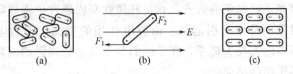

图 8-3　有极分子的极化示意

上边讲了电场，但它还不是电波。要揭开电波的秘密，我们还必须再讲讲磁场。

第二节　磁　场

在晚间不小心把绣花针掉在地上，人们自然而然地会想到用一块磁铁搜索，针就会被磁铁吸起来。如果把磁铁放在撒满铁屑的纸板下面，用手轻轻敲击纸板，会发现铁屑能排列成一个对称的美丽的图案。这些现象均说明在磁铁的周围有一种力的作用，这种力称为磁力。有磁力作用的物质空间，就是磁场。它和电场一样，也是物质表现的一种特殊形态。

人们发现，不仅磁铁能产生磁场，而且有电流通过的导体或导线附近，也存在磁场。一切磁现象都起源于电流。

如果导体中流过的是直流电流，那么磁场是恒定不变的；如果导体中流过的是交流电流，那么磁场就是变化的，电流的频率越高，所产生的磁场变化频率也就越高。

后来的研究进一步证明：变化的电流会产生磁场，而变化的磁场又可以产生电场，这就是后来形成的著名的电磁感应定律的最初内容，即电生磁与磁生电。

第三节　电磁场与电磁辐射

一、交流电

交流电是交替地，即周期性地改变流动方向和数值的电流，如果我们将电源的两个极，即正极与负极迅速而有规律地变换位置，那么，电子就会随着这种变换的节奏而改变自己的流动方向，开始时电子向一个方向流动，以后又改向与开始流动方向相反的方向流动，如此交替地依次重复进行的这种电流，就是交流电，如图8-4所示。

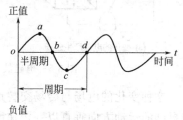

图8-4　交流电展开图示

二、电磁场与电磁辐射

电磁感应定律发展到了后来，形成了更加完整的理论：变化的电场会激起变化的磁场，而变化的磁场又可以产生变化的电场，电现象与磁现象紧紧地联系在一起。这种交替产生的具有电场与磁场作用的物质空间，称为电磁场。

任何交流电路都会向其周围的空间放射电磁能，形成交变电磁场。电磁场的频率与交流电的频率相同。

电场（代表符号为 E）和磁场（代表符号为 H）是这样存在的：有了移动的变化磁场，同时就产生电场，而变化的电场也同时产生磁场，两者互相作用、互相垂直，并与自己的运动方向垂直。

一同存在于某一空间的静止电场和静止磁场，不能叫做电磁场。在这种情况下，电场与磁场各自独立地发生作用，两者之间没有关系。我们通常所称的电磁场，始终是交变的电场与交变的磁场的组合，彼此间相互作用，相互维持。这种相互联系，说明了电磁场能在空间里运动的原理。电场的变化，会在导体及电场周围的空间产生磁场。由于电场在不停地变化着，因而产生的磁场也必然不

169

停地变化着。这样变化的磁场又在它自己的周围空间里产生新的电场。电磁波产生原理示于图 8-5。

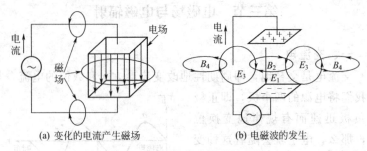

(a) 变化的电流产生磁场　　　　　　(b) 电磁波的发生

图 8-5　电磁波产生原理示意图

这种变化的电场与磁场交替地产生，由近及远，互相垂直，并与自己的运动方向垂直以一定速度在空间内传播的过程，称为电磁辐射，亦称为电磁波。

电磁波类似于水波。当我们丢一块石子到水里，水面就会泛起水波，一浪推一浪地向四周扩张开来。水波是水的分子在振动，水分子上下的振动就形成了我们所看见的水波了。无线电波是在空间里行进的波浪。当我们利用发射机把强大的高频率电流输送到发射天线上，那么电流就会在天线中振荡，从而在天线的周围产生了高速度变化的电磁场。

这正像我们把石子投入水面激起水波一样。电磁波传播如图 8-6 所示。

从广义上讲，电磁波包括有各色的光波和由各种电振荡产生的电波。上面谈到的是电磁波的一部分，即那些在无线电技术中被采用了的电磁波，通常叫做无线电波。无线电波和光波一样，具有宇宙间最快的速度——每秒钟能跑 30 万公里（$3 \times 10^8 \mathrm{m}$）。它跑得快，所以能在一瞬间把声音传送到成千上万公里的遥远地方。

三、周期与频率

尽管电磁波跑得很快，可是它却不一定能跑得很远。要使它跑得很远，服务的范围更大，就必须有迅速变化的电场与磁场，也就

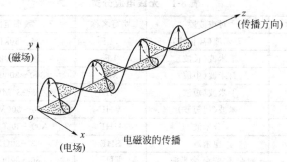

图 8-6 电磁波传播图（理想条件下）

是要有很高的振荡频率。

在交流电中，电子在导线内不断地振动。从电子开始向一个方向运动起，由正值到负值然后又回到原点的平衡位置，这一运动过程，称为电流的一次完全振动。发生一次完全振动所需要的时间，称为一个周期。

频率是电流在导体内每一秒钟振动的次数。交流电频率的单位为赫兹。打一个比喻，电荷在导体内来回不停地奔跑，就好像钟摆来回不停地摆动一样，每秒钟内电荷来回奔跑的次数，就是频率。

第四节　射频电磁场

一、无线电波的分类

交流电的频率达到每秒钟 10 万次以上时，它的周围便形成了高频率的电场和磁场，这就是我们所说的射频电磁场，而一般将每秒钟振荡 10 万次以上的交流电，又称为高频电流或射频电流。

实践中，射频电磁场或射频电磁波的表示单位可用波长（λ）——毫米、厘米、米来表征；也可用振荡频率（f）——赫兹、千赫、兆赫来表征。

无线电波在电磁波谱中占有很大的频段。无线电波按其波长和频率可以分为八大类，详见表 8-1。

表 8-1　无线电波分类

频段名称	对应波段	缩写名称	频率范围
甚低频	万米波（甚长波）	VLF	3～30kHz
低　频	千米波（长波）	LF	30～300kHz
中　频	百米波（中波）	MF	300～3000kHz
高　频	十米波（短波）	HF	3～30MHz
甚高频	米波（超短波）	VHF	30～300MHz
特高频	分米波	UHF	300～3000MHz
超高频	厘米波	SHF	3～30GHz
极高频	毫米波、亚毫米波	EHF	30～300GHz
			300～3000GHz

　　无线电波波长从 10000m 至 1mm。继无线电波之后为红外线、可视线、紫外线、X 射线、γ 射线。大致划分如图 8-7 所示。

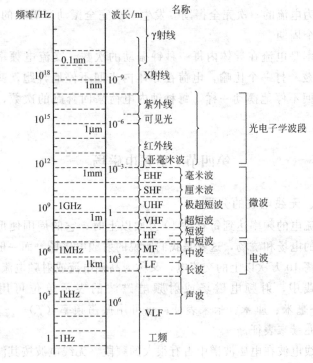

图 8-7　电磁波频谱图

由电子、电气设备工作过程中所造成的电磁辐射为非电离辐射。非电离辐射的量子所携带的能量较小，如微波频段的量子能量也只有 $1.2 \times 10^{-6} \sim 4 \times 10^{-4}$ eV（电子伏特），不足以破坏分子、使分子电离。因此，电磁辐射具有粒子性稳定，波动性显著等特点。所以电磁辐射是一种摸不到、看不见、嗅不着的物质波。

任何射频电磁场的发生源周围均有两个作用场存在着，即以感应为主的近区场（又称感应场）和以辐射为主的远区场（又称辐射场）。它们的相对划分界限为一个波长。

近区场与远区场的划分，只是在电荷电流交变的情况下才能成立。一方面，这种分布在电荷和电流附近的场依然存在，即感应场；另一方面，又出现了一种新的电磁场成分，它脱离了电荷电流并以波的形式向外传播。换言之，在交变情况下，电磁场可以看做有两个成分：一个是分布在电荷和电流的周围，当距离 R 增大时，它至少以 $1/R^2$ 衰减，这一部分场是依附着电荷电流而存在的，这就是近区场，又称感应场；另一成分是脱离了电荷电流而以波的形式向外传播的场，它一经从场源发射出以后，即按自己的规律运动，而与场源无关了，它按 $1/R$ 衰减，这就是远区场，又称辐射场。

二、场区分类及其特点

1. 近区场

以场源为零点或中心，在一个波长范围之内的区域，统称作近区场。由于作用方式为电磁感应，所以又称作感应场，感应场受场源距离的限制，在感应场内，电磁能量将随着离开场源距离的增大而比较快地衰减。近区场有如下特点。

（1）在近区场内，电场强度 E 与磁场强度 H 的大小没有确定的比例关系。一般情况下，电场强度值比较大，而磁场强度值则比较小，有时很小；只是在槽路线圈等部位的附近，磁场强度值很大，而电场强度值则很小。总的来看，电压高电流小的场源（如天线、馈线等）电场强度比磁场强度大得多，电压低电流大的场源（如电流线圈）磁场强度又远大于电场强度。

（2）近区场电磁场强度要比远区场电磁场强度大得多，而且近区场电磁场强度比远区场电磁场强度衰减速度快。

（3）近区场电磁场感应现象与场源密切相关，近区场不能脱离场源而独立存在。

2. 远区场

相对于近区场而言，在一个波长之外的区域称远区场。它以辐射状态出现，所以也称辐射场。远区场已脱离了场源而按自己的规律运动。远区场电磁辐射强度衰减比近区要缓慢。远区场有如下特点。

（1）远区场以辐射形式存在，电场强度与磁场强度之间具有固定关系，即

$$E = \sqrt{\mu_0/\varepsilon_0}\, H = 120\pi H \approx 377H$$

（2）E 与 H 互相垂直，而且又都与传播方向垂直。

（3）电磁波在真空中的传播速度为

$$c = 1/\sqrt{\varepsilon_0 \mu_0} \approx 3 \times 10^8 \quad (\text{m/s})$$

三、表征公式

无线电波的波长与频率的关系为

$$\lambda = c/f \quad (\text{m})$$

式中　c——电磁波传播的速度，$3 \times 10^8\,\text{m/s}$；

λ——波长，m；

f——频率，Hz。

四、场强影响参数

射频电磁场强度与许多因素有关，我们将这些因素称为场强影响参数。它们构成了场强变化规律，场强影响的主要参数如下。

1. 功率

对于同一设备或其他条件相同而功率不同的设备进行场强测试的结果表明：设备的功率愈大，其辐射强度愈高，反之则小。功率与场强变化成正比关系。

2. 与场源的间距

一般而言，与场源的距离加大，场强衰减很大。

例如，在某设备的操作台附近场强为170～240V/m；距操作台0.5m后，场强衰减到53～65V/m；距操作台1m后，场强衰减为24～31V/m；距操作台2m后，场强衰减到极小值。由上可知，屏蔽防护重点应在设备近区。

3. 屏蔽与接地

屏蔽与接地程序的不同，是造成高频场或微波辐射强度大小及其在空间分布不均匀性的直接原因。加强屏蔽与接地，就能大幅度地降低电磁辐射场强。实施屏蔽（或吸收）与接地是防止电磁泄漏的主要手段。

4. 空间内有无金属天线或反射电磁波的物体以及金属结构

由于金属体是良导体，所以在电磁场作用下，极易感应生成涡流；由于感生电流的作用，便产生新的电磁辐射，致使在金属周围形成又一新的电磁作用场。有了二次辐射，往往要造成某些空间场强的增大。例如，某短波设备附近因有暖气片，由于二次辐射的结果，使之场强加大，高达220V/m。因此，在射频作业环境中要尽量减少金属天线以及金属物体，防止二次辐射。

第五节　电磁辐射场源

随着电子工业与电气化水平的不断发展和提高，广大人民生活水平的迅速提高，人为电磁辐射呈现出不断增加的趋势。近些年来，电磁辐射对无线电通信、遥控、导航以及电视接收信号的干扰日趋严重，重者危及人体健康。

一、电磁场源种类

电磁场源主要包括两大类，即自然型电磁场源与人工型电磁场源。自然型电磁场源来自于自然界，是由自然界某些自然现象所引起的。在自然型电磁场源中，以天电所产生的电磁辐射最为突出。由于自然界发生某些变化，常常在大气层中引起电荷的电离，发生电荷的蓄积，当达到一定程度后引起火花放电，火花放电频带很宽，它可以从几千赫一直到几百兆赫，乃至更高频率。人工型电磁场产生于人工制造的若干系统、电子设备与电气装置。人工型电磁场源按频率不同又可分为工频场源与射频场源。工频杂波场源中，以大功率输电线路所产生的电磁污染为主，同时也包括若干种放电型场源。射频场源主要指由于无线电设备或射频设备工作过程中所产生的电磁感应与电磁辐射。电磁场源可用表8-2与表8-3说明。

表8-2 自然型电磁场分类

分　　类	来　　源
大气与空电污染源	自然界的火花放电、雷电、台风、寒冷雪飘、火山喷烟…
太阳电磁场源	太阳的黑点活动与黑体放射…
宇宙电磁场源	银河系恒星的爆发、宇宙间电子移动…

表8-3 人工型电磁场分类

分　　类		设备名称	污染来源与部件
放电所致场源	电晕放电	电力线(送配电线)	由于高电压、大电流而引起静电感应、电磁感应、大地漏泄电流所造成
	辉光放电	放电管	白光灯、高压水银灯及其他放电管
	弧光放电	开关、电气铁道、放电管	点火系统、发电机、整流装置…
	火花放电	电气设备、发动机、冷藏车、汽车…	整流器、发电机、放电管、点火系统…
工频感应场源		大功率输电线、电气设备、电气铁道	污染来自高电压、大电流的电力线场、电气设备
射频辐射场源		无线电发射机、雷达…	广播、电视与通风设备的振荡与发射系统
		高频加热设备、热合机、微波干燥机	工业用射频利用设备的工作电路与振荡系统…
		理疗机、治疗机	医学用射频利用设备的工作电路与振荡系统…
家用电器		微波炉、电脑、电磁灶、电热毯…	功率源为主…
移动通信设备		手机、二哥大、对讲机	天线为主…
建筑物反射		高层楼群以及大的金属构件	墙壁、钢筋、吊车…

176

二、人工型辐射场源分类

人为辐射的产生源种类、产生的时间和地区以及频率分布特性是多种多样的。若根据辐射源的规模大小对人为辐射进行分类，可分为下述三大类。

1. 城市杂波辐射

即使在附近没有特定的人为辐射源，也可能有发生于远处多数辐射源合成的杂波。城市杂波与各辐射源电波波形和产生机构等方面的关系不大，但它与城市规模和利用电气设备的文化活动、生产服务以及家用电器等因素有直接的关系，呈正比例。城市杂波没有特殊的极化面，大致可以看成为连续波。

在我们中国，城市杂波辐射就是环境电磁辐射。这是一个重要的概念，它是评价大环境质量的一个重要参数，也是城市规划与治理诸方面的一个重要依据。

2. 建筑物杂波

在变电站所、工厂企业和大型建筑物以及构筑物中多数辐射源会产生一种杂波，这种来自上述建筑物的杂波，则称为建筑物杂波。这种杂波多从接收机之外的部分串入到接收机之中，产生干扰。建筑物杂波一般呈冲击性与周期性波形，可以认为是冲击波。

3. 单一杂波辐射

它是特定的电气设备与电子装置工作时产生的杂波辐射，它因设备与装置的不同而具有特殊的波形和强度。单一杂波辐射主要成分是工、科、医设备（简称 ISM 设备）的电磁辐射，这类设备对信号的干扰程度与该设备的构造、功率、频率、发射天线型式，设备与接收机的距离以及周围的地形地貌有密切关系。

三、电磁辐射污染的传播途径

电磁辐射所造成的环境污染途径大体上可分为空间辐射、导线传播和复合污染三种。

1. 空间辐射

电子设备或电气装置工作时，会不断地向空间辐射电磁能量，设备本身就是一个多型发射天线。由射频设备所形成的空间辐射分为两种：第一种，以场源为中心，半径为一个波长的范围之内的电磁能量传播是以电磁感应方式为主，将能量施加于附近的仪器仪表、电子设备和人体上；第二种，在半径为一个波长的范围之外的电磁能量传播，是以空间放射方式将能量施加于敏感元件和人体之上。

2. 导线传播

射频设备与其他设备共用一个电源供电时，或者它们之间有电气连接时，那么电磁能量（信号）就会通过导线进行传播。此外，信号的输出输入电路、控制电路等也能在强电磁场之中"拾取"信号，并将所"拾取"的信号再进行传播。

3. 复合污染

它是同时存在空间辐射与导线传播时所造成的电磁污染。

电磁辐射污染途径示于图 8-8。

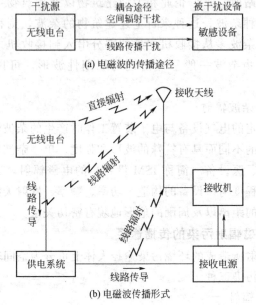

(a) 电磁波的传播途径

(b) 电磁波传播形式

图 8-8　电磁辐射污染途径示意图

第六节　电磁辐射的危害

环境中的污染物按其性质来说可以分为两大类：一类是物质流污染，比如有毒的危害化学品的污染；另一类是能量流污染，比如噪声和电磁辐射的污染。后者只能借助仪器才能测出，但它却无时无刻不存在于我们的周围，有人把它们称为"隐形公害"。其来源可分为两大类：一类是直接利用电磁辐射而产生的污染，如无线电通信和广播电视发射系统；另一类是某些工业、交通、科研、医疗设备在工作时会有电磁辐射产生并泄漏出去，对周围环境造成污染，如高频感应炉、微波理疗仪、高压送变电系统、电力机车等。

一、电磁辐射对人体的影响

随着越来越多的电气和电子设备渗透到社会的各个角落。人们在充分享受现代生活方便、舒适的同时，一种无形的环境污染——电磁环境污染日益突出。现在，世界各国都意识到这个问题，相继开展了对电磁辐射危害及防护的研究，并制定出电磁辐射卫生标准。我国也不例外，对于高频电磁辐射在实际工作中以电场强度不超过 20V/m 作为参考标准。电磁辐射的危害与电磁波频率有关。从安全的角度看，射频辐射的危害最大。射频辐射通常指频率分别在 100kHz～300MHz 和 300～3000000MHz 的高频电磁波和微波。射频辐射对人体健康的影响是一种综合效应，与电磁辐射强度、接触时间、设备防护措施等多种因素有关，呈现出复杂性。这种复杂性表现为电磁辐射的"三性"。

1. 热效应

在电磁辐射特别强的区域（一般是指辐射功率密度在 $10mW/cm^2$ 以上，或场强在 100V/m 以上），人体吸收的辐射能转化为热能超过人体体温调节能力时，会引起人体（或局部组织）体温明显升高，对人体造成损伤或引起生理功能紊乱。电磁辐射的热效应首先损伤人体上对热比较敏感的器官，例如可导致白内障、男性生殖系统障碍和其他热损伤，一般认为，辐射功率密度小于 $10mW/$

cm^2 时，不会引起体温的明显升高，但可能使体内局部小范围出现显著的能量吸收，引起一些生理功能障碍。

2. 非热效应

电磁辐射功率密度小于 1mW/cm^2 时，长时间照射也会引起人体体温明显升高，使人出现烦躁、头晕、疲劳、失眠、记忆力减退、脱发、植物神经功能紊乱和脑电图、心电图的变化等症状。这些一般称为电磁辐射的非热效应。这些症状在脱离辐射源后，一般是可以逐渐恢复的。

3. "三致"作用

"三致"作用即致癌、致畸、致突变作用。这是电磁辐射的远期效应，在国内外已经引起了重视，但尚无一致的意见。一些研究者的实验表明，长时间的电磁辐射可能诱发癌症，也可能引起染色体的畸变，具有致癌、致突变作用。

从 20 世纪 50 年代开始，国外一些科学家就开始研究电磁波对人体的影响。高频电磁波对人体的危害早有定论。在高频电磁场的作用下，体内极性分子因来回取向而旋转摆动，同时离子及带电胶体粒子也做来回振动，它们与周围分子发生碰撞，从电磁场中获得的能量不断转化为热能，从而使温度升高，这就是高频电磁场的热效应。因此，高频电磁波能透入人体，对较深部组织加热，对应于热效应；另一种是非热效应，它是指人体吸收的电磁辐射能不足以引起体温升高出现的症状和疾患。国外有报道，经常使用移动电话（它能产生高频电磁波）的人，有得脑瘤的危险。微波炉出现泄漏或长期使用手提电话，将使人感到乏力、记忆力衰退、心律不齐引起白内障，影响人的眨眼及生育功能等。高压输电设备及线路产生的电磁波频率很低（50Hz），但对人体健康也存在一定影响。

有研究表明，在高压输电线路和变电站附近电磁场较强的地方出生的婴儿，白血病的发病率增加 2.98 倍，癌症发病率增加 2.25 倍。因此，我国对高压输电线路的架设高度等都做了严格的规定，高压输电线下方及一定范围之内不准修建筑物，高压线都远离人口稠密的区域。人体通常更关心自己身边的家用电器对自己的影响，一份由美国全国防辐射委员会起草的报告指出，如果家电产生的电磁辐射超过一定安全标准，可能引起癌症、帕金森氏症、早年性痴呆症等疾病。1995年美国有一篇论文中谈到，妇女在妊娠初期的3个月里，如果经常使用电热毯，婴儿先天性尿道异常的发生率增加10倍。

30多年来研究结果表明，长期生活在超过安全标准的电磁场环境中，会使人产生失眠、嗜睡等植物性神经功能紊乱症候群，以及脱发、白细胞下降、视力模糊、晶状体混浊、心电图改变等症状。美国纽约电话公司在电机附近工作的男工人常患乳腺癌，研究发现这种怪现象的产生是工人长期暴露在较强电磁场中的结果。最近许多研究证实，电磁波并不直接伤害人的细胞而致癌，而是电磁波进入人的眼睛，透过视网膜，伤害人松果体，阻止松果体素的产生最后导致癌症。松果体素是由人的大脑中松果体分泌的一种重要物质，它可调节人的生长发育、生殖代谢等生命活动过程，同时还能抗衰老、延长寿命、预防癌症等。1986年科学家做了一个试验，将老鼠暴露于电磁场21天后，测定老鼠的松果体素夜间分泌量，结果发现其夜间分泌的松果体素水平只有平时的一半；暴露在电磁场中28天后，只有1/3；撤离电磁场后，慢慢恢复正常，电磁波对人体的危害是一种长期逐渐积累的过程，电磁场的强度有随距离增大而明显减弱的特点。因此，只要我们了解产生电磁场的设备及电器的性能和特点，尽早采取防护措施，就可以避免电磁波对人体的危害，或将电磁波的危害减小到最低限度。

针对电磁辐射对人体的危害，专家提出以下的一些具体注意事宜，希望大家在日常工作和生活中进行自我防范。

（1）使用移动电话一般不要连续超过20min，天线不要紧贴头部，尽量多使用有线电话，装有心脏起搏器或心律不齐的人不宜使用手提电话，移动电话在飞机上禁止使用，也不能带进医院的抢救室。

（2）使用电脑时，距荧屏应有一臂之遥，不用时应关闭，看电视的距离不宜太近，尤其是少年儿童更不宜长时间看电视和玩游戏机，如果家中摆放的是大屏幕彩电，需要的相对空间就比小屏幕彩电的要大，建议最好配一个电视机屏幕罩，以此来削减电磁波的污染强度。据国家环保部的调查显示，电视机荧光屏（包括电脑）会散发一种叫"溴化二苯并呋喃"的有害气体，这是一种蓄积性致癌物。如果一台电视每天使用 10 小时以上，3 天后，在房间内所测得的"溴化二苯并呋喃"含量相当于交通路口中的污染量。使用电热毯时，可将床铺预热后关闭电源，尽可能远离电线及所有通电物品。

（3）微波用品不可自行拆卸。微波炉使用前后检查炉门及观察窗是否密闭、开关是否灵活；炉边不能有电视机、收音机及天线引线，开启微波炉之后，操作者不应距离微波炉过近。

（4）职业性接触高频电磁波的人，如在高频感应电炉附近工作的和从事微波、超短波工作的人员，屏蔽是防电磁辐射的有效方法，铜丝屏蔽网有一定防护作用。

总之，对我们身边的电器设备，只要了解它的性能结构及防范常识，预防在前，防微杜渐，一般是不会危害健康的。

早在 20 世纪，一些国家即制定了电磁辐射的卫生标准，前苏联在进行大量的动物实验和流行病学调查的基础上于 1965 年提出了电磁辐射卫生标准，1984 年修订后的职业暴露限制为 0.2mW/cm^2。美国国家标准局（ANSI）制定的标准中，规定在任意连续 6min 其平均功率密度不应超过 10mW/cm^2，不分频段，可以长时间暴露。其后进行了几次修订，1982 修订后的移动电话频段限值为 $1\sim5\text{mW/cm}^2$。1992 年修订的移动电话、对讲机使用频段标准限值分为职业暴露和非职业暴露，非职业暴露的限值为 $0.2\sim2.0\text{mW/cm}^2$。1998 年后 ANSI 采用电气和电子工程师协会（IEEE）推荐的标准。可见各国标准之间存在非常大的差异，以美国为代表的欧美标准系列，其限值越来越严格，前后相差几十倍，而以前苏联为代表的东欧国家的标准，其限值也作了适当的调整，1984 年修订的标准与 1965 年的标准相比放宽了 1.5 倍。

为保障人民的健康，我国根据电磁辐射对于健康的危害和具体情况也制定了一系列关于电磁辐射的卫生标准。如《电磁辐射防护规定》（GB 8702—1988）、《作业场所微波辐射卫生标准》（GB 10436—1989）《环境电波卫生标准》（GB 9175—1988）等。

在《电磁辐射防护规定》（GB 8702—1988）中，规定了电磁辐射防护基本限值，即：

对于职业照射，在每天 8h 工作期间内，任意连续 6min 按全身平均的比吸收率（指生物体每单位质量所吸收的电磁辐射功率，即吸收剂量率，缩写为 SAR）小于 0.1W/kg。对于公众照射，在一天 24h 内，任意连续 6min 按全身平均的比吸收率应小于 0.02W/kg。

我国《环境电波卫生标准》（GB 9175—1988）以电磁波辐射强度及其频段特性对人体可能引起潜在性不良影响的阈下值为界，将环境电磁波容许辐射强度标准分为两级。一级标准，为安全区，指在该环境电磁波强度下长期居住、工作。生活的一切人群（包括婴儿、孕妇和老弱病残者），均不会受到任何有害影响的区域；新建、改建或扩建电台、电视台和雷达站等发射天线，在其居民覆盖区内，必须符合"一级标准"的要求。二级标准，为中间区，指在该环境电磁波强度下长期居住、工作和生活的一切人群（包括婴儿、孕妇和老弱病残者）可能引起潜在性不良反应的区域；在此区内可建造工厂和机关，但不许建造居民住宅、学校、医院和疗养院等，已建造的必须采取适当的防护措施。

超过二级标准地区，对人体可带来有害影响；在此区内可作绿化或种植农作物，但禁止建造居民住宅及人群经常活动的一切公共设施，如机关、工厂、商店和影剧院等；如在此区内已有这些建筑，则应采取措施，或限制辐射时间。环境电磁波容许辐射强度分级标准见表 8-4。

北京市于 2000 年颁布了《北京市移动通信建设项目环境保护管理规定》，对建设无线通信台（站）做出更详细的管理规定，这是我国第一部针对移动通信电磁污染的地方性行业规定。该规定从

表 8-4　环境电磁波容许辐射强度分级标准

波　长	单　位	容 许 场 强	
		一级(安全区)	二级(安全区)
长、中、短波	V/m	>10	>25
超短波	V/m	>5	>12
微波	μW/cm²	>10	>40
混合	V/m	按主要波段场强;若各波段场分散,则按复合场强加权确定	

2000 年 4 月 1 日起实施,对治理电磁辐射做出了一些"硬"要求:在住宅楼上建设无线寻呼通信、集群通信和蜂窝通信移动通信台(站)的单位,建设前建筑物产权单位或业主应征求所住居民的意见;发射天线主射方向 50m 范围内、非主射方向 30m 范围内一般不得有高于天线的医院、幼儿园、学校。住宅等建设物;移动通信台(站)室外天线应安装在楼顶中央或者高层建筑物电梯间顶,天线发射部分与楼顶之间距离不得小于 2.5m;建设单位应在天线安装地点设置电磁辐射警示牌,警示牌式样由市环保局规定。

二、电磁干扰与电磁兼容

随着人类社会步入了信息时代,环境中的电磁辐射的污染水平也在与日俱增,有的地方已超过自然本底值的几千倍以上。实际上,电磁辐射作为一种能量流污染,人类无法直接感受到,但它却无时不在。电磁辐射污染不仅仅是对人体健康有不良影响,它更大的危害是对其他电气设备的干扰。

电磁干扰、电磁辐射可直接影响到各个领域中电子设备、仪器代表的正常运行,造成对工作设备的电磁干扰。一旦产生电磁干扰,有可能引发灾难性的后果。如美国就曾发生一起因电磁干扰使心脏起搏器失灵而使病人致死的事件。对电气设备的干扰这几年最突出的情况有三种:一是无线通信发展迅速,但发射台、站的建设缺乏合理规划和布局,使航空通信受到干扰;二是一些企业使用的高频工业设备对广播电视信号造成的干扰;三是一些原来位于城市郊区的广播电台发射站,后来随着城市的发展被市区所包围,电台发射出的电磁辐射干扰了当地百姓收看电视。电磁辐射还可以引起火灾或爆炸事故。较强的电磁辐射，因电磁感应而产生的火花放电，可以引燃油类或气体，酿成火灾或爆炸事故。

电磁干扰源种类很多，按来源可分为两类：人为干扰源和自然干扰源。自然干扰源包括雷雨、闪电产生的天电噪声，太阳黑子爆炸和活动所产生的噪声以及银河系的宇宙噪声。人为干扰源是由机电或其他人工装置产生的电磁干扰，包括工业、科学和医用射频设备、交流高压输电线、汽车点火器、微波炉、转换开关、发射机等。由于人为干扰源种类在不断增加，而且强度比自然干扰源大，因此当前人为电磁干扰已成为主要来源。

电磁兼容（elecromagnetic compatibility，EMC）是近来发展很快并日益受到广泛重视的一个学科领域。电磁兼容是相对于电磁干扰（electromagnetic interference，EMI）而言的。从电磁能量的发射和接收而言，电气或电子设备在其运行中可同时起发射器和接收器的作用。当不希望的电压或电流信号出现在敏感设备上并影响其性能时，则称之为电磁干扰。所谓电磁兼容就是指设备或系统在包围它的电磁环境中能不因干扰而降低其工作性能，它们本身所发射的电磁能量也不足以恶化环境和影响其他设备或系统的正常工作，相互之间不干扰，各自完成各自正常功能的共存状态。因此，实现电磁兼容，就需要包括抗干扰（即设备或系统抵抗电磁干扰的能力）和控制电磁发射（即控制设备或系统发射的电磁能量）两个方面。

随着科学技术的进步，人们在生产和生活中使用的电子设备越来越多，以计算机技术、微电子技术为基础的各种电子设备的应用也越来越广，而这些设备的抗干扰能力很差，再加上经济的发展，在电磁环境上又增加了新的激化矛盾的因素。例如，电子输送和通信网络各自发展，相互交叉机会急剧增加，城市地下网线的限制，必然形成错综复杂的相互干扰的系统，人类生活水平的提高，对环境的关注更为迫切，电磁场的生态效应，电磁场对人类生活必需的通信、广播、电视、"信息高速公路"等的影响，都已成为应该优先考虑的制约条件。因此，电磁兼容问题就成为一个受到广泛关注的多学科的结合点，成为近年来最引人注目的技术发展课题之一。

在现代化的电力系统，特别是发电厂和变电站中，有两种趋势使 EMC 问题更为突出了。一方面输电电压提高，当开关操作或发生故障时，在空间会产生更强的电磁场，更加上 SF_6 气体绝缘开关电器的使用，由于 SF_6 气体的去游离性能极强，因此，当开关操作时，母线上会出现频率极高的快速暂态过电压，向空间辐射上升沿极陡的脉冲电磁场，成为频带很宽的更强烈的干扰源；另一方面，由集成电路器件和微机构成的继电保护、自动装置、通信和远程控制装置等的应用日益广泛，这些以微电子技术为基础的各种电子设备，处理的信号电平可以仅为毫伏级，处理的信息量极大，抗干扰能力甚弱。据报道，由于干扰而造成信号疏漏、测量不准、计算机出错，以致控制失误、开关误动、电子元件损坏等事件无论在国内还是国外，都屡有发生，特别是在采用新型继电保护装置的初期更是如此。综合自动化技术的实施，采用分层分布式的保护和控制系统后，将把一些电子设备"下放"安置在变电站的高压开关场内，甚至直接安置在高压设备处，那里的电磁环境极为恶劣，EMC 问题就更为突出。因此客观情况要求电子部门的科研、设计以及运行、维护人员对 EMC 问题给予更多的关注。

目前 EMC 的研究工作主要涉及以下几个方面。

(1) 干扰源，研究各种干扰的来源（例如核爆、雷电、开关操作、各种无线电发射、静电放电等），干扰产生的原因、机理及其物性（如波形、幅值、频率、持续时间等）。

(2) 干扰的传播方式和耦合途径，研究电磁干扰是如何传播和作用到敏感设备上的。

(3) 电磁敏感度（electromagnetic susceptibility，EMS）及抑制干扰的措施，研究如何评价各类敏感设备抗电磁干扰的能力以及抑制干扰的措施。

(4) 模拟的测试技术，包括电磁环境的现场实测、试验室模拟；设备的电磁发射（electromagnetic emission）测试，敏感设备的抗干扰试验等；所涉及的仪器、设备以及测试方法等的研究、开发。

(5) 标准及规范规定电气或电子设备的电磁发射水平（发射限值）规定各种敏感设备应具有的抗干扰水平（抗扰限值），规定不同级别的电磁环境条件，规定电磁发射及电磁敏感性的测试标准，以及制定一、二次回路及设备的设计、安装规范等。

为了加强对电磁辐射污染源的环境管理，摸清我国电磁辐射污染设施的分布情况、运行功率、频率分布等情况，国家环保部从1997年下半年到1998年度，在广播电视、通信、交通、电力、公安等部门的大力配合下，在全国进行了首次电磁辐射环境污染源调查，调查范围包括全国30个省、自治区、直辖市（西藏、台湾除外）的五大类电磁辐射设施；广播电视发射设备的通信发射设备、交通、电力以及工业、科研和医疗电磁辐射设备。调查结果显示：广播电视发射台是全国最大最集中的电磁辐射污染源，而通信系统的发射设备，由于种类多、数量大、分布广，也占了很大的比重。

1997年年底全国共有广播电视发射设备10235台，总功率为13万千瓦。其中包括中短波广播、调频广播和电视广播。近年来，随着广播电视事业的飞速发展，许多大城市都相继在市区内修建了高大的广播电视发射塔，安装了上百千瓦的发射设备。其中发射塔高度超过300m的有北京、上海、天津、沈阳、武汉、南京、青岛、大连、成都等城市。另外，一些原来位于城市郊区的广播发射台站随着城市的扩展已被居民区所包围。其次，通信系统发射设备种类多、数量大、分布广。全国各类通信系统发射设备共有8万余台，总功率为5万千瓦，其中包括长波通信、短波通信、微波通信、卫星地球站、专业通信网、移动通信网、寻呼通信网、雷达及导航设备等。这几年随着移动通信事业的迅猛发展，多网移动的通信基础设施如雨后春笋般地出现，使一些基站附近高层居民楼窗口处的电磁辐射功率可达 $400\mu W/cm^2$，超过了 $40\mu W/cm^2$ 的国家标准。调查还显示，工业、科研、医疗中使用的高频设备为数也不少，且功率很大，总计14756台，总功率为250万千瓦，一般来说，高频设备都旋转在工作机房内，对外界影响不大，但也有一些设备对周围的广播电视信号接收和电子仪器干扰严重。再者以电力为能源的交通运输系统发展较快，全国电气化铁路、有轨及无轨电车通车总长度为 4800km，已修建电气化地铁和轻轨交通的有北京、上海、天津、广州等城市，在一些电气化铁路沿线、居民收看电视受到影响。另外，高压送变电系统建设规模越来越大，全国目前共有高压变电站 3801 座，总功率为 3.6 亿千瓦；在许多大城市的周围已建设了 500kV 的高压电力环线系统，110kV 和 220kV 的变电站在一些城市市区也比比皆是。电磁辐射的危害可用图 8-9 综合表示。

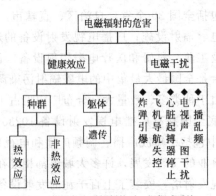

热效应：指吸收电磁辐射能后，组织或系统产生的直接与热作用有关的变化
非热效应：吸收电磁辐射能后，组织或系统产生的与直接热作用没有关系的变化

图 8-9 电磁辐射的危害

三、关于移动电话电磁波危害的讨论

近几年来，随着移动电话的日益普及，手机能够诱发脑瘤的报道不时见诸报端，引发了公众对电磁辐射污染的关注。

最早状告移动电话公司的用户是一个美国公民。诉其夫人因长期使用移动电话而致癌，并要求赔偿，以后类似的报道日渐增多，争论也日趋激烈。

飞机拒绝移动电话恐怕已是尽人皆知。1997 年初，中国民航总局针对民航旅客在飞机上使用电子设备日益增多的情况发出通知，在飞行中，严禁旅客在机舱内使用移动电话等电子设备。坐过中国民航班机的乘客也都有这样的经验，飞机未起飞时、飞行中、降落前广播都会告诫乘客别使用移动电话。这个通知太重要了，它不仅关系到飞机的安全，也直接关系到机上数十人以至数百人的生命财产安全，这绝不是危言耸听！专家们认为，移动电话是高频无线通信，其发射频率多在 800MHz 以上，而飞机上的导航系统又最怕高频干扰，飞行中若有人用移动电话，就极有可能导致飞机的电子控制系统出现误动，使飞机失控，发生重大事故。这样的惨痛教训已屡见不鲜。

　　1991 年英国劳达航空公司的那次触目惊心的空难至今令人难忘，有 223 人死于这次空难。据有关部门分析，这次空难极有可能是机上有人使用笔记本电脑、移动电话等便携式电子设备。它释放的频率信号启动了飞机的反向推动器，致使机毁人亡。

　　1996 年 10 月巴西 TAM 航空公司的一架"霍克-100"飞机也莫名其妙地坠毁，机上人员全部遇难，甚至地面上的市民也数名惨遭不幸，这是巴西历史上第二大空难事故。专家们调查事故原因后认为，机上有乘客使用移动电话极有可能是造成飞机坠毁的元凶。也就是源于这次空难，巴西空军部民航局（DAC）研拟了一项关于严格限制旅客在飞机飞行时使用移动电话的法案。

　　1998 年初，台湾华航一班机坠毁，参与调查的法国专家怀疑有人在飞机坠毁前打移动电话，导致通信受到干扰，致使飞机与控制塔失去联络，最后坠毁。

　　大陆也有类似的事情发生，某日由上海飞往广州的 CZ3504 航班的南航 2566 号飞机准备降落时，由于有四五名旅客在使用移动电话致使飞机一度偏离正常航道。也是在这一年一架南航 2564 号飞机执行 CZ3502 航班从杭州飞回广州时。在着陆前 4 分钟，发现飞机偏离正常航道 6 度，据查当时也是有人在使用移动电话。这两起事例虽然没能酿成大祸。但让人想起来就后怕，如果偏离的不是6 度而是更大，其后果不堪设想。

从对以上几次比较典型的空难事故的分析来看，事故原因都极有可能与使用移动电话等便携电子设备有关。虽然科学来不得半点可能，但只要是可能就绝不能任其发展，这也就难怪世界各国都相继制定了限制在飞机上使用移动电话的规定。

移动电话所产生的电磁波除对飞机上的仪器有影响之外，对汽车上的电动装置也有一定的影响。甚至会使行驶中的汽车电动装置"自动跳闸"。英国有关专家告诫人们尽可能不要在汽车内使用移动电话，英国政府也因此决定要求汽车生产厂家提高汽车内部电子设备的抗电磁干扰能力。

移动电话使用时靠近人体对电磁辐射敏感的大脑和眼睛，其对机体的健康效应备受人们关注。移动电话电磁辐射基本上只对使用者产生电磁辐射危害，属近场电磁辐射污染，只影响局域范围。

第七节　电磁辐射防护措施

电磁辐射造成的危害越来越大，因此必须采取切实可行措施加以防护。

一、广播、电视发射台的电磁辐射防护

广播、电视发射台的电磁辐射防护首先应该在项目建设前，以《电磁辐射防护规定》（GB 8702—88）为标准，进行电磁辐射环境影响评价，实行预防性卫生监督，提出预防性防护措施，包括防护带要求。如果业已建成的发射台对周围区域产生较强场强，一般可考虑以下防护措施。

（1）在条件许可的情况下，改变发射天线的结构和方向角，以减少对人群密集居住方位的辐射强度。

（2）在中波发射天线周围场强大约为 15V/m，短波场强6V/m 的范围设置一片绿化带。

（3）通过用房调整，将在中波发射天线周围场强大约为 10V/m，短波场源周围场强为 4V/m 的范围内的住房，改作非生活用房。

（4）利用对电磁辐射的吸收或反射特性，在辐射频率较高的波段，使用不同的建筑材料，包括钢筋混凝土，甚至金属材料覆盖建筑物，以衰减室内场强。

二、高频设备的电磁辐射防护

高频设备的电磁辐射防护的频率范围一般是指 0.1～300MHz，其防护技术有如下几种。

1. 电磁屏蔽

（1）电磁屏蔽的机理　电磁屏蔽的机理是电磁感应现象。在外界交变电磁场下，通过电磁感应，屏蔽壳体内产生感应电流，而这电流在屏蔽空间又产生了与外界电磁场方向相反的电磁场，从而抵消了外界电磁场，达到屏蔽效果。在抗干扰辐射危害方面，屏蔽是最好的措施。通俗地讲，电磁屏蔽就是利用某种材料制成一个封闭的物体。这个封闭的物体有两重作用，它既使封闭体的内部不受外部的电磁场的影响，同时又使封闭体的外部区域不受其内部的电磁场的影响。

电磁干扰过程必须具备三要素：电磁干扰源、电磁敏感设备、传播途径，三者缺一不可。采用屏蔽措施，一方面可抑制屏蔽室内电磁波外泄，抑制电磁干扰源；另一方面也可防止外部电磁波进入室内。但是，由于屏蔽体材料材质的不同，材料的选择成为屏蔽效果好坏的关键。电磁波的衰减系数越大，衰减得越快，屏蔽效果越好。因此，良导体如铁、铝、铜就常用来作为电磁屏蔽装置，收音机中周线圈外面罩着一个空芯的铝壳，电子示波器中用铁皮包着示波管等，这些都是电磁屏蔽在实践中的具体应用。

电磁屏蔽一般可以分成三种：第一种对静电场（包括变化很慢的交变电场）的屏蔽。这种屏蔽现象实际上是由于屏蔽物的导体表现的电荷，在外界电场的作用下重新分布，直到屏蔽物的内部电场均为零才能停止，这种重新分布的过程不需要花很长时间，只是在 10^{-19} s 的瞬间完成的。高压带电作业工人所穿的带电作业服就是基于这一原理制造的，它是用钢丝编制而成，作业服构成一个封闭体，起着屏蔽的作用。人体在其内，当作业者触及高压电线时，电线周围的电场使得作业服上的电荷在瞬间重新分布，使得人体内的电场处于零电位。在这种情况下，人体内就没有电流流过，人体因此也就不会受到电击的伤害。

第二种屏蔽是对静磁场（包括变化很慢的交变磁场）的屏蔽。它同静电屏蔽相似，也是通过一个封闭物体实现屏蔽。它与静电屏蔽不同的是，它使用的材料不是铜网，而是磁性材料。这种屏蔽体在外界磁场的作用下，就产生磁化效应，导致屏蔽体本身的磁场明显增加，但在屏蔽体内和体外的磁场都明显减弱。如果用磁力线的疏密程度来描述磁场强弱的话，则磁力线大部分不能够穿过屏蔽体，只是"绕着"屏蔽体走过，它不能影响屏蔽体内部的物体，因此可以屏蔽外界的磁场。那些有防磁功能的手表，就是基于这一原理制造的。通常在手表机芯的外面装有一个用磁性材料制成的封闭包围物，它屏蔽了外界静磁场，使手表的"核心"部件——机芯内的磁场很弱，从而起到防磁的作用。当然，如果机芯是塑料制成的话，那就无需加屏蔽了。

还有一种屏蔽就是对高频、微波电磁场的屏蔽。如果电磁波的频率达到百万赫兹或者亿万赫兹时，这种频率的电磁波射向导体壳时，就像光波射向镜面一样被反射回来，同时也有一小部分电磁波能量被消耗掉，也就是说电磁波很难穿过屏蔽的封闭体。另外，屏蔽体内部的电磁波也很难穿出去。

如今，人们已经把电磁屏蔽包围物制造成各种统一规格，可以拆装运输，这类包围物统称电磁屏蔽室。

（2）电磁屏蔽室的设计制作　通常屏蔽室所需的屏蔽效能是因其用途而异的。为了定量衡量这种效能，把室内空间这一区域屏蔽后的电场强度与屏蔽前的电场强度相比较，这个降低的值用分贝数来表示。

屏蔽效果的好坏不仅与屏蔽材料的性能、屏蔽室的尺寸和结构有关，也与到辐射源的距离、辐射的频率以及屏蔽封闭体上可能存在的各种不连续的形状（如接缝、孔洞等）和数量有关。如果屏蔽效果达到 100dB 数量级，就可满足绝大多数情况对屏蔽的要求。

192

屏蔽室按其结构可以分成两类：第一类是板型屏蔽室；第二类是网型屏蔽室。

板型屏蔽室是由若干块金属薄板制成的。整个屏蔽室的各块金属板之间，门窗与金属板之间都要有良好的电气接触，为提高屏蔽性能，要求金属板的电导率要高。对于毫米波段，只有采用这类屏蔽室。

网型屏蔽室与板型屏蔽室不同，它是由若干块金属网或板拉网等嵌在金属骨架上构成的。在制作中，有的是按装配方法，也有按焊接的方法。前者可以拆卸和组装，结构简单、造价低，在防止工业干扰的场合使用得比较多。后者不能再拆卸，只能用在固定场合。

电磁屏蔽室内通常有各种仪器设备，工作人员还要进进出出，这就要求屏蔽室有门、通风孔、照明孔等工作配套设施，这就会使得屏蔽室出现不连续部位。在加工大型屏蔽室时，就是一块大网板也会有接缝。要使屏蔽室有良好的屏蔽效果，屏蔽室的每一条焊缝都应做到电磁屏蔽。通常几块金属板或金属网的连接是由焊接、铆接或螺钉固紧的。假若焊接的质量不太好，或紧固件之间存在不密闭的空间，金属板的搭接处，往往有一些细长的缝隙，这类缝隙是导致屏蔽性能下降的因素之一。为了解决这类问题，在卷接前应先清除结合面上的各种非导电物质，然后将两者并拢再卷绕起来，最后用适当的压力使之成形。用连续焊接的方法形成的接缝是射频特性最好的。

屏蔽室的孔洞是影响屏蔽性能的另一因素。为了减小其影响，可在孔洞上接金属套管。套管与孔洞周围有可靠的电气连接；孔洞的尺寸还应当小于干扰电波的波长。

对于面板和盖板四周的接缝，应填充导电衬垫，而且要用密布的螺钉紧固。

屏蔽室的门有两种形式，一种是金属板式；另一种是金属网式。前者是采用与屏蔽相同的板材，用它把木制门架包起来，形成金属板门，凡是接缝处要求焊接好。门的边框必须妥善加工，四周要包以梳形弹簧压接片，压接片的间距应小于最短的辐射波长的八分之一。与金属板屏蔽门的弹簧压接片相接触的门框，必须连续焊接在屏蔽室的屏壁上，千万不能用螺钉拧固在屏蔽层板上。考虑到门的接点通常是屏蔽室最薄弱的环节，因此在距离辐射源很近时，有必要设置两道隔绝的门。

金属网式屏蔽门与金属板式屏蔽门不同，它是由金属网嵌接在木制框架上，并且焊牢。通常门上是用两层金属网覆盖，为了保证门的经久耐用和良好的电接触，门的四周边缘都用相同材料的金属板包好，板上固定有导电性能良好的弹簧片，门上有旋紧把手。屏蔽室有时也设有窗户。它是用金属网覆盖的，其四周必须与屏蔽室构件焊接好。窗户必须镶有两层小网孔的金属网，网的间距小于0.2mm，两层网的间距小于5cm，两层网都必须与屏壁有可靠的电气接触。

一般说来，屏蔽室可以不单独设置通风装置，但是在板型屏蔽室的情况下，则须装设通风管道，否则室内温度过高会导致电波的生物效应增强，对工作人员健康十分不利，同时对高功率仪器设备的工作也很不利。一旦装设了通风管道后，电磁能量有可能从通风管道"泄漏"，还需要采取必要的抑制措施，为了抑制通风管道电磁能泄漏，可以在适当部位镶上金属网，其四周要与屏蔽室构件焊接好。从表面上看是一个通风孔洞，实际上电磁波不能通过。

2. 接地技术

（1）接地抑制电磁辐射的机理　接地可以进一步抑制电磁辐射。射频接地是指将场源屏蔽体或屏蔽体部件内由于感应电流的产生而采取迅速的引流，造成等电势分布的措施；也就是说，高频接地是将设备屏蔽体和大地之间，或者与大地可以看做公共点的某些构件之间，用低电阻的导体连接起来，形成电气通路，造成屏蔽系统与大地之间提供一个等电势分布。

接地包括高频设备外壳的接地和屏蔽的接地。屏蔽装置有了良好的接地后可以提高屏蔽效果，以中波段较为明显。屏蔽接地一般采用单点接地，个别情况如大型屏蔽室以多点接地为宜。高频接地的接地线不宜太长，其长度最好能限制在波长的 1/4 以内，即使无法达到这个要求，也应避开波长的 1/4 的奇数倍。

（2）接地系统　射频防护接地情况的好坏，直接关系到防护效果。射频接地的技术要求有：射频接地电阻要尽可能小；接地极一般埋设在接地井内；接地线与接地极用钢材为好；接地极的环境条件要适当。

接地系统包括接地线与接地极，其接地系统组成见图 8-10。

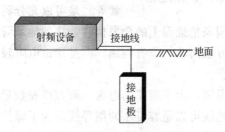

图 8-10　接地系统组成

任何屏蔽的接地线都要有足够的表面积，要尽可能地短，以宽为 10cm 的铜带为好。

接地极主要有以下三种。

第一种为埋置接地铜板，一般是将 1.5～2.0m² 的铜板埋在地下土壤中，并将接地线良好地焊接在接地铜板上。主要埋置方式有立埋、横埋和平埋（见图 8-11）。

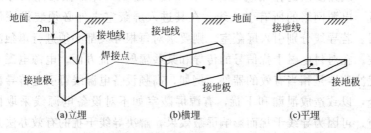

图 8-11　接地铜板埋置方式

第二种为埋置接地格网板。在一块 1.5～2.0m² 的铜板上立焊井字形铜板，使之成为格网结构，埋入土壤下 2.5～3.0m。

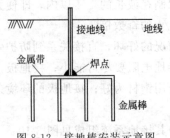

接地线　金属带　焊点　地线　金属棒

图 8-12　接地棒安装示意图

第三种为埋置嵌入接地棒。一般将长度 2m，直径 5～10cm 的金属棒打入土壤中，或挖坑埋入，然后再把各金属棒焊在一条金属带上，与接地线连接好，示意图见图 8-12。

地面下的管道（如水管、煤气管等）是可以充分利用的自然接地体。常常通过铜条把地面上的金属构件连接到地下管道，以此与大地相连。这种方法简单，节省费用，但是接地电阻较大，只适用于要求不高的场合。

对于静电泄漏，由于泄漏的电流一般在微安数量级，所以用于这种目的的接地线可以是容量小的细导线。为了保持接地、连接的高可靠性，必须使用力学性能十分牢固的导线。导线使用裸线或者绝缘被覆线（多用于耐腐蚀要求的场合）都可以。

在可燃性气体蒸气或悬浮的粉尘有爆炸危险的场合，为了防止火灾或爆炸事故的发生，就需要使地板上的人或物体所带电荷很快泄漏到大地中，因此就应该选用导电性能良好的材料作地板。

3. 滤波

(1) 滤波的功能和滤波器　滤波是抑制电磁干扰最有效手段之一。线路滤波的作用就是保证有用信号通过，并阻截无用信号通过。电源网络的所有引入线，在其进入屏蔽室之外必须装设滤波器。若导线分别引入屏蔽室，则要求对每根导线都必须进行单独滤波。在对付电磁干扰信号的传导和某些辐射干扰方面，电源电磁干扰滤波器是相当有效的器件。例如，高频设备电源线可引起传导耦合，以致造成泄漏和干扰，有源屏蔽室如不对设备电源线采取措施，可因为导线干扰而影响屏蔽效果，解决导线干扰的有效办法是在电源线进入屏蔽室处安装电源滤波器。滤波器的安装应尽可能贴近地面，以免滤波器的地电流入地路径过长而增加其阻抗耦合，降低滤波效果。

196

早先人们常把滤波器作为抑制干扰的一种权宜措施，只是在必要时，才把滤波作为抑制电磁干扰的一种有效手段。

滤波器是由电阻、电容和电感组成的一种网络器件，在家用电器的说明书中都可以看到它。滤波器在电路中的设置位置是各式各样的，其设置位置要根据干扰侵入的途径确定。例如，滤波器是接在干扰源处或接收机之间的线路上，还是接在接收机的输入端，就要看干扰从哪里来。当干扰源来自电源线时，滤波器应装在电源引入线处。这样安装，既可以衰减由电源线路直接侵入的传导干扰，又可以衰减在电源线上感应的干扰波。

（2）滤波器的制作和使用　在制作滤波器时，要十分仔细地处理一些细节问题，否则会直接影响滤波的效果。滤波器本身是抑制传导干扰的，但是空间毕竟存在辐射干扰，这就要求滤波器外加屏蔽，屏蔽体的盖板一定要和滤波器本体接触良好。滤波器的输入和输出端的配线之间，必须采取隔离措施，最好不要有电磁耦合产生。所有配电线均要求尽可能靠近地面配置，从而减小耦合，同时也可避免形成回路。另外，滤波器的端子要有足够的电流容量。

频率在信息识别中最常见的用途之一，就是把我们的收音机或电视机调谐到所需的广播台。事实上，我们要进行的工作是把收音机或电视机选择到我们要收听收看电台的正确频率。例如，当我们把电视机的频道开关拨到 6 频道时，电视接收机内部就把频率调谐到与 6 频道频率相一致；电视接收机就从输入的信号当中选出这个特定的频率，将接收的信号显示在电视屏上，并阻止所有其他的频率进入电视机。当然，6 频道在一天之内有许多不同的节目，而我们感兴趣的只是电视节目单上所报的上午 9 点整的节目。这就要靠我们的钟表来选择这个频道。因此我们靠频率信息来帮助我们选择正确的频道，同时靠时间信息来帮助我们在特定频道上选择所需的节目。

然而，现代雷达、通信系统，它们对时间与频率技术提出了更高的要求。如果我们传达 8 个不同信息，在任一特定的瞬间，只有一条信道的信息从扫描装置传输出去。但是在扫描装置的指示器转一整圈的时间内，输出信号将有 8 个不同信息组合在一起。在传送信号的过程中，要求通信线路两端的扫描装置必须在时间上同步，否则，经接收端扫描装置输出的信息将被窜改。因此，在当前高速的通信系统中，扫描装置必须同步到几微秒以内。将信号进行时间分割，同时为发送 8 个信息，就要用 8 个不同频率发送，要采用"频率分割"。

从上面的简述中可以看出，在电子系统中，应用时间和频率信息是不可分割的，我们通常是同时使用它们。因此，在传输信息的过程中既要从频域角度考虑，也要从时域角度考虑抑制电磁噪声。

对信号有影响的电磁噪声主要有两种：一种是"加法噪声"；另一种是"乘法噪声"。前者是指附加在有用信号上的噪声，这类噪声降低了信号的可用性。例如，我们收到的一个时间信号，它受到闪电或汽车点火造成的电波干扰噪声的影响，这就是加法噪声，这类噪声不使有用信号失真。乘法噪声是属于使有用信号失真的噪声。当电磁波信号投向电离层时，信号会被反射，不管发射脉冲是多么清晰、完好，在到达用户那里时，就有可能变得模糊或失真。然而脉冲的能量却没有变化，只是信号被重新安排了。

对加法噪声和乘法噪声的抑制方法是各不相同的。抑制加法噪声的方法是增大信号的发射功率，以提高信号的信噪比。抑制加法噪声的另一种方法是把有用信号的能量分开，用不同频率发射出去。这样就可以使其中某个频率在最大程度上不受加法噪声的影响。

抑制乘法噪声绝不是提高信噪比就能够解决的，必须通过空间、时间和频率三方面的差异来获取真正有用的信号。时间差异是指人们在不同时间上发送相同信息，希望失真机理在各个发射信号之间有足够的变化，这样才能使人们重新构成原来的信号。频率差异是指人们在不同的频率上发送相同的信息所产生的差异。人们希望在不同频率上的信号失真有足够的差别，这样才能消除这些失真，并获得真正的信号图像。

具体地说，根据噪声的时间差异，在电路上可采用下列三个方法来抑制噪声：一是消隐，二是抵消，三是限幅。

用消隐法抑制噪声的电路叫消隐器。这种方法就是设置一个电路，干扰存在的时间内，让系统关闭，从而滤掉干扰的不良影响。这种动作是周期性的，尽管这种方法本身可以减小噪声，但它本身又给有用信号产生一种附加调制，形成了新的干扰。这是消隐法的缺点。

用抵消法抑制噪声的电路叫抵消器，它是先把独立的电磁干扰信号重新派生一个，让它与原先的干扰信号正好相抵消。

4. 其他措施

其他防护措施如下。

（1）采用电磁辐射阻波抑制器，通过反作用场在一定程度上抑制无用的电磁散射；

（2）在新产品和新设备的设计制造时，尽可能使用低辐射产品；

（3）从规划着手，对各种电磁辐射设备进行合理安排和布局，特别是对射频设备集中的地段，要建立有效防护范围。

除上述防护措施外，加强个体防护，如穿特制的金属衣、戴特制的金属头盔和金属眼镜也是进一步抑制电磁辐射的有效措施。另外，作为技术措施，还可通过改进高频设备及其馈线的设计，以减少其辐射功率；合理布置各高频设备，以降低操作部位的电磁场强度。

从电磁辐射的原理可知，感应电磁场强度是与辐射源到被照体之间的距离的平方成反比；辐射电磁场强度是与辐射源到被照体之间的距离成反比。因此，适当地加大辐射源与被照体之间的距离可较大幅度地衰减电磁辐射强度，减少被照体受电磁辐射的影响。在某些实际条件允许的情况下，这是一项简单可行的防护方法。应用时，可简单地加大辐射体与被照体之间的距离，也可采用机械化或自动化作业，减少作业人员直接进入强电磁辐射区的次数或工作时间。

此外，人们通过适当的饮食，也可以抵抗电磁辐射的伤害。例如，油菜、青菜、芥菜、卷心菜、萝卜等蔬菜，不仅是人们餐桌上常见的可口菜肴，还具有抗辐射损伤的功能。经过长达十多年的不懈努力，我国科学家从这些十字花科植物中成功提取了一种天然辐射保护剂——SP88。专家认为，从十字花科植物中提取的SP88不仅对处于电离、电磁等辐射环境下的人具有一定的保健作用，而且对于恶性肿瘤患者放疗和化疗过程中引起的白细胞减少等症状，也有一定的缓解作用。

三、微波设备的电磁辐射防护

微波防护的基本措施有以下几种。

1. 减少源的辐射或泄漏

这项措施在进行雷达等大功率发射设备的调整和试验时尤为重要。实际应用中，可利用等效天线或大功率吸收负载的方法来减少从微波天线泄漏的直接辐射。利用功率吸收器（等效天线）可将电磁能转化为热能散掉。不同类型的吸收器可保证能量耗损达 $40\sim60dB$。当检查感应器、接收器和天线设备的工作时，可采用目标模拟物，以减少所用微波源功率，当测量天线设备的方向图时，可使用波导衰减器、功率分配器等。

2. 实行屏蔽

为防止微波在工作地点的辐射，可采用反射型和吸收型两种屏蔽方法。

（1）反射微波辐射的屏蔽　使用板状、片状和网状的金属组成的屏蔽壁来反射散射的微波，这种方法可以较大地衰减微波辐射作用。一般，板片状的屏蔽壁比网状的屏蔽壁效果好，也有人用涂银尼龙布来屏蔽，亦有不错的效果。

（2）吸收微波辐射的屏蔽　对于射频，特别是微波辐射，也常利用吸收材料进行微波吸收。使用能吸收微波辐射的材料做成"缓冲器"，以降低微波加热设备传递装置出入口的微波泄漏，或覆盖住屏蔽设备的反射器以防止反射波对设备正常工作的影响。微波吸收的方案有以下两个：

一是，仅用吸收材料贴附在罩体或障板上将辐射电磁波能吸收；

二是，把吸收材料贴附在屏蔽材料罩体和障板上，进一步削弱射频电磁波的透射。

吸收材料是根据匹配和谐振的原理研制而成的。人们最早用的吸收材料是一种厚度很薄的空隙布。这层薄布不是任意的编制物，它具有 377Ω 的表面电阻率，并且是用碳或碳化物浸过的。

如果把炭黑、石墨羧基铁和铁氧体等，按一定的配方比例填入塑料中，即可以制成较好的窄带电波吸收体。为了使材料具有较好的力学性能或耐高温等性能，可以把这些吸收物质填入橡胶、玻璃钢等物体内。单层平板型电磁波吸收体的工作频带较窄，具有谐振特性。

在实际选用吸收材料时，人们总是希望它的工作频带尽可能宽。为了展宽频率范围，研究人员发现，利用多层平板结构，让电磁波由自由空间入射到吸收材料的分界面上能匹配地过渡，也就是说，让电磁波无反射地从自由空间逐步过渡到吸收体里面，通常采用六层。为了进一步增强吸收效果，在最后一层材料的背面贴上波纹金属薄层或金属箔，让剩余的电磁波再次返回吸收体，再与入射波相互抵消从而达到完全吸收。吸收材料可采用具有谐振特性的薄片型材料，如生胶和碳基铁的混合层。另一种材料为宽频带型的，靠材料和自由空间的阻抗匹配，以耗损微波辐射，如多孔性生胶和炭黑粉混合制成或聚乙烯料表面覆一层炭膜等。随着材料的发展，以及制作工艺的提高，目前的新吸收材料也不断出现，势必提高吸收电磁波的效果。

吸收电磁波的应用举例如下。

① 微波炉内的吸收体 微波炉是深受广大百姓欢迎的家电产品之一，用它烹调食品具有省时、快捷、节能、高效、保存营养成分和安全卫生等一系列优点，被美誉为"食品加工技术的一次跨时代的革命"。但微波炉在使用时会产生电磁波。通常，微波炉的炉体和炉门之间，是可能泄漏电磁能的主要部位。在其间装有金属弹簧片以减小缝隙，然而这个缝隙减小是有限度的，由于经常开、关

炉门，而附有灰尘杂物和金属氧化膜等，使微波炉泄漏仍然存在。为此，人们采用导电橡胶来防泄漏，由于长期使用，重复加热，橡胶会老化，从而失去弹性，以致缝隙又出现了。目前，人们用微波吸收材料来代替导电橡胶，这样一来，即使在炉门与炉体之间有缝隙，也不会产生微波泄漏。这种吸收材料是由铁氧粉与橡胶混合而成的，它具有良好的弹性和柔软性，容易制成所需的结构形状和尺寸，使用时相当方便。

② 建筑物反射的消除　前面我们介绍过屏蔽室消除电磁波的方法，这种设施是消除电磁干扰的理想建筑物。但建造这类建筑物费用较高。作为家庭生活住房采用这种方式不太可行。为了改善电视重影的干扰，人们研究了建筑物使用的电磁波吸收材料。砖墙可以做成吸波砖，一种是硬泡沫砖，另一种是铁氧化体制成的砖，它们都具有吸收电磁波的功能。另外，建筑物壁面涂层可以采用吸收电磁波的涂层。

第九章 电磁辐射安全卫生标准

第一节 电磁辐射对机体作用的相关因素

电磁辐射对机体的作用主要取决于下列诸因素。

1. 场强

场强愈大，对机体的影响愈严重。例如，接触高场强的人员与接触低场强的人员，在神经衰弱症候群的发生率方面有极明显的差别。

2. 频率（波长）

一般来说，长波对人体的影响较弱。随着波长的缩短，对人体的影响加重，微波作用最突出。例如，根据有的单位对国内从事中波与短波作业的部分人员进行体检的资料，在血压方面，两臂血压收缩压差大于 10mm 汞柱的，中波组占 10.28%，短波组占 13.4%，舒张压差大于 10mm 汞柱的，中波组占 7.12%，短波组占 12.25%。

3. 作用时间与作用周期

作用时间愈长，即受暴露的时间愈长，对人体的影响程度一般愈严重。对作用周期来说，一般认为，作用周期愈短，影响也愈严重。

实践证明，从事射频作业的人员接受电磁场辐射的时间愈长（指累积作用时间），例如，工龄愈长，一次作业时间愈长等，所表现出的症状就愈突出。连续作业所受的影响比间断作业也明显得多。

4. 与辐射源的间距

一般来讲，辐射强度随着辐射源距离的加大而迅速递减，对人体的影响也迅速减弱。

5. 振荡性质

脉冲波对机体的不良影响，比连续波严重。

6. 作业现场环境温度和湿度

作业现场的环境温度和湿度，对于评价电磁辐射对机体的不良影响具有直接的关系。温度愈高，机体所表现出的症状愈突出；湿度愈大，愈不利于散热，也不利于作业人员的身体健康。因此，加强通风降温，控制作业场所的温度和湿度，乃是减少电磁辐射对机体影响的一个重要手段。

7. 年龄与性别

通过大量的调查研究，发现性别不同，年龄不同，电磁辐射对人体影响的程度也不一样。一般女性和儿童敏感性比较大。

8. 适应与累积作用

关于机体对电磁能量的适应和累积作用问题，某些学者从动物实验及人们的体检中得出：当在多次重复辐射过程中，可以看到机体反应性的改变，如在微波作用条件下的工作人员，经过一个多月，70％的人有神经衰弱现象，以后几个月反而有所好转，然而随着工作时间的延长，症状再次增多，即由于累积作用引起适应以后机能状况的恶化。而适应人群，则很少表现出不良反应。

总的说来，电磁辐射对机体的作用，主要是引起机能性改变。具有可复性特征，往往在停止接触数周后可恢复，也有在大强度长期作用下，可持续较久。

第二节　作业场所电磁辐射安全卫生标准

为了有效地保护作业人员与高场强作用下居民的身体健康，防止电磁辐射对生产和生活环境的污染，制定电磁辐射控制标准是非常必要的。

关于标准的制定，目前国际上约有几十个国家和相关组织作出了标准限值与测量方法的规定。具体到标准限值，一些国家相差甚为悬殊，主要是由于对于不同频段的电磁辐射生物学作用机理，实验内容与方法，现场卫生学调查的方法与对象，统计处理方法等不同而导致结果的不一致，致使限值有很大差异。此外，由于实践和认识的不断深化，实验与统计处理方法的不断完善与科学化，标准的限值也在不断修改与调整，使之更加合理、科学，具有实践意义和可操作性。

射频辐射与工频场作业场所安全卫生标准是用于保护从事各种高频设备、微波加热设备、理疗医用设备、科学实验用电子电气装备、各种发射系统与高压系统等作业人员及高场强环境内的相关人员身体健康。

由于不同频段电磁辐射在作业人员工作地点形成不同的作用场及其生物学作用的活性不一致，因此需要根据不同频段的特征，分别加以制定容许辐射的限量。

此类标准按工作频率可划分为：作业场所工频场安全卫生标准；作业场所高频辐射卫生标准；作业场所甚高频辐射卫生标准与作业场所微波辐射卫生标准等四种。

一、作业场所工频辐射卫生标准（GB 16203—1996）

1. 工频电场卫生标准

该标准由国家技术监督局与卫生部联合于 1996 年发布。该标准规定了从事高压、超高压输送电网、变配电站等大、中型交流 50 Hz（工频）用电、供电系统操作人员所处作业环境中工频电场强度的限值。

具体规定：频率范围：50 Hz；

电场强度：$E \leqslant 5 kV/m$。

一些国家制定的输电线路附近工频场强度的限值标准列于表9-1。

2. 工频磁场卫生标准

我国目前尚未制定此类标准。

美国经过多年研究，在 IEEE Spectrum 发表了一篇报告，指出频率为 60 Hz 的磁感应强度不得超过 $0.2 \mu T$，否则将对人体产生

表 9-1　各国输电线路附近电场强度的限值

国　　家		场强值/(kV/m)	位　　置
捷克		15	
		10	跨越一、二级公路处
		1	线路走廊边缘
日本		3	人撑伞经过的地方
波兰		10	
		1	医院、住房和学校所在地
前苏联		20	难于接近的地方
		15	非公众活动的区域
		10	跨越公路处
		5	公众活动的区域
		1	有建筑物的区域
		0.5	居民住宅内
美国	明尼苏达州	8	
	蒙大拿州	7	跨越公路处
		1	线路走廊边缘居民住宅区
	新泽西州	3	线路走廊边缘
		11.8	
	纽约州	11	跨越私人道路
		7	跨越公路
		1.6	线路走廊边缘
	俄罗冈州	9	人们易接近的区域

危害，提出以 $0.2\mu T$ 作为安全最大容许限值。

瑞典曾在 1997 年组织科学家们对 43 万名长期居住在高压输电线路附近的居民进行了调查研究。根据研究结果，目前瑞典首先正式制定了磁场国家标准，即 $0.2\mu T$。

在 2000 年前后，美国国家辐射与测试理事会（NCRM）、美国电力研究院（EPRI）、瑞典 MPRII 等机构与组织又提出了磁场最大容许暴露限值新标准，见表 9-2。

表 9-2　磁场最大容许暴露限值

机构名称	NCRM	MPRII	EPRI
国家	美　国	瑞　典	美　国
背景最大容许磁感应强度	10mG		
在 50cm 处阴极射线管最大容许发射值		2.5mG	
不存在暴露			2mG 以下
危害限值			10mG 以上

注：$1\mu T = 10mG$。

二、作业场所高频辐射安全卫生标准

为了保护广播发射台站、高频淬火、高频焊接、高频熔炼、塑料热合、射频溅射、介质加热、短波理疗等高频设备的工作人员和高场强环境中其他工种作业人员的身体健康而制定的。

我国的高频辐射作业安全标准是由广播系统值班人员首先提出的。1974 年中央广播事业局（即广播电影电视部）和四机部联合委托北京市劳动保护科学研究所开展电磁辐射安全卫生标准和防护技术的科研工作。北京劳研所邀请北京市工业卫生职业病研究所、沈阳市劳动卫生研究所和江苏省及苏州市卫生防疫站等15 个单位组成协作组，通过对我国不同地区、不同强度的广播电台和工业高频淬火、高频焊接、高频熔炼、高频热合、射频溅射、介质加热、短波理疗等设备的电磁场强度的测试与分析；大面积的现场卫生学调研、体检和动物实验研究，提出我国高频辐射作业安全标准为：

工作频率适用范围：100kHz～30MHz；

场强标准限值：$E \leqslant 20V/m$；

$\qquad H \leqslant 5A/m$。

上述标准已经全国卫生标准技术委员会劳动卫生分委会审查通过。

世界上有关国家颁布的标准列于表 9-3。

表 9-3　世界各国射频辐射职业安全标准限值

国家及来源	频率范围	标准限值	备　　注
美国国家标准协会	10MHz～100GHz	$10mW/cm^2$ $1mW/cm^2$	在任何 0.1h 之内； 任何 0.1h 之内平均值
美国三军	10MHz～100GHz	$10mW/cm^2$ $10～100mW/cm^2$ $100mW/cm^2$	连续辐射； 不准接触
英国	30MHz～100GHz	$10mW/cm^2$	连续 8h 作用的平均值
北约组织	30MHz～100GHz	$0.5mW/cm^2$	
加拿大	10MHz～100GHz	$1mW \cdot h/cm^2$ $10mW/cm^2$	在 0.1h 内的平均值； 在任何 0.1h 内
波兰	300MHz～300GHz	$10\mu W/cm^2$ $100\mu W/cm^2$ $1mW/cm^2$ $10mW/cm^2$	辐射时间在 8h 之内； 2h/d； 20min/d； 不允许接触
法国	10MHz～100GHz	$10mW/cm^2$ $100\mu W/cm^2$ $1mW/cm^2$	在任何 1h 之内； 休息与公共场所
前苏联	100kHz～10MHz 10～30MHz 100kHz～30MHz 0～300MHz ＞300MHz	50V/m 20V/m 5A/m 5V/m $10\mu W/cm^2$ $100\mu W/cm^2$ $1\mu W/cm^2$	电场分量； 电场分量； 磁场分量； 全日工作； 2h/d； 15～20h/d
IRPA/INIRC①	400MHz～300GHz	$1～5mW/cm^2$	
德国	30MHz～300GHz	$2.5mW/cm^2$	
澳大利亚	30MHz～300GHz	$1mW/cm^2$	
捷克	30kHz～30GHz 30～300MHz	50V/m 10V/m	均值 最大值
中国(全国卫生标准技术委员会劳卫分委会审查通过)	100kHz～30MHz	20V/m 5A/m	8h 允许值
中国（GB 10437—89）	30～300MHz	连续波≤$50\mu W/cm^2$ 脉冲波≤$25\mu W/cm^2$	8h 允许值
中国（GB 10436—89）	＞300MHz	$50\mu W/cm^2$ $300\mu W/cm^2$ $5mW/cm^2$	8h 允许值 一日总剂量 不准接触
中国(军标)	30MHz～300GHz	$50\mu W/cm^2$ $25\mu W/cm^2$	连续波 脉冲波

① IRPA/INIRC—国际辐射防护协会/非电离辐射委员会。

208

三、甚高频辐射作业安全标准（GB 10437—89）

这个标准规定了从事超短波理疗、甚高频通信、发射以及甚高频工业设备，科研实验装备等工作环境的电磁辐射场强限值与测试规范。具体规定如下。

1. 名词术语

（1）超高频辐射　超高频辐射（即超短波）系指频率为30～300MHz 或波长为 10～1m 的电磁辐射（注：按现行规定，30～300MHz 应为甚高频，而非超高频）。

（2）脉冲波与连续波　以脉冲调制所产生的超短波称脉冲波；以连续振荡所产生的超短波称连续波。

（3）功率密度　单位时间、单位面积内所接受超高频辐射的能量称功率密度，以 P 表示，单位为 mW/cm^2。在远区场，功率密度与电场强度 $E(V/m)$ 或磁场强度 $H(A/m)$ 之间的关系式如下：

$$P = \frac{E^2}{3770}(mW/cm^2) \qquad (9\text{-}1)$$

$$P = 37.7 \times H^2(mW/cm^2) \qquad (9\text{-}2)$$

2. 卫生标准限值

（1）连续波　一日内 8h 暴露时不得超过 $0.05mW/cm^2$（14V/m）；4h 暴露时不得超过 $0.1mW/cm^2$（19V/m）。

（2）脉冲波　一日内 8h 暴露时不得超过 $0.025mW/cm^2$（10V/m）。4h 暴露时不得超过 $0.05mW/cm^2$（14V/m）。

有关国家制定的标准限值列于表 9-3。

四、作业场所微波辐射卫生标准（GB 10436—89）

本标准规定了作业场所微波辐射卫生标准及测试方法。

本标准适用于接触微波辐射的各类作业，不包括居民所受环境辐射及接受微波诊断或治疗的辐射。

1. 名词术语

（1）微波　微波是指频率为 300MHz～300GHz，相应波长为 1m～1mm 范围内的电磁波。

（2）脉冲波与连续波　以脉冲调制的微波简称为脉冲波，不用脉冲调制的连续振荡的微波简称连续波。

（3）固定辐射与非固定辐射　雷达天线辐射，应区分为固定辐射与非固定辐射。固定辐射是指固定天线（波束）的辐射；或运转天线，其被测位所受辐射时间（t_0）与天线运转一周时间（T）之比大于 0.1 的辐射（即 $t_0/T > 0.1$）。此处的 t_0 是指被测位所受辐射大于或等于主波束最大平均功率密度 50％强度时的时间。非固定辐射是指运转天线的 $t_0/T < 0.1$ 的辐射。

（4）肢体局部辐射与全身辐射　在操作微波设备过程中，仅手或脚部受辐射称肢体局部辐射；除肢体局部外的其他部位，包括头、胸、腹等一处或几处受辐射，概作全身辐射。

（5）功率密度　功率密度表示微波在单位面积上的辐射功率，计量单位为 $\mu W/cm^2$ 或 mW/cm^2。

（6）平均功率密度及日剂量　平均功率密度表示微波在单位面积上一个工作日内的平均辐射功率，日剂量表示一日接受微波辐射的总能量，等于平均功率密度与受辐射时间的乘积。计量单位为 $\mu W \cdot h/cm^2$ 或 $mW \cdot h/cm^2$。

2. 卫生标准限量值

作业人员操作位容许微波辐射的平均功率密度应符合以下规定。

（1）连续波　一日 8h 暴露的平均功率密度为 $50\mu W/cm^2$；小于或大于 8h 暴露的平均功率密度按下式计算（即日剂量不超过 $400\mu W/cm^2$）。

$$P_d = \frac{400}{t} \qquad (9\text{-}3)$$

式中　P_d——容许辐射平均功率密度，$\mu W/cm^2$；

　　　t——受辐射时间，h。

（2）脉冲波（固定辐射）　一日 8h 平均功率密度为 $25\mu W/cm^2$；小于或大于 8h 暴露的平均功率密度以下式计算（即日剂量不超过 $200\mu W/cm^2$）。

$$P_d = \frac{200}{t} \tag{9-4}$$

脉冲波非固定辐射的容许强度（平均功率密度）与连续波相同。

（3）肢体局部辐射（不区分连续波和脉冲波）　一日 8h 暴露的平均功率密度为 $500 \mu W/cm^2$；小于或大于 8h 暴露的平均功率密度以下式计算（即日剂量不超过 $4000 \mu W \cdot h/cm^2$）。

$$P_d = \frac{4000}{t} \tag{9-5}$$

（4）短时间暴露最高功率密度的限制　当需要在大于 $1mW/cm^2$ 辐射强度的环境中工作时，除按日剂量容许强度计算暴露时间外，还需使用个人防护。但操作位最大辐射强度不得大于 $5mW/cm^2$。

第三节　电磁辐射环境安全标准

一、世界各国射频辐射职业安全标准限值

在比较深入和广泛的研究工作基础上，一些发达国家在比较广泛的频段上，比如前苏联在中、短波与微波频段，美国、日本等国在微波段等，研究电磁辐射对肌体的影响，寻求人和生物与电磁之间的关系，确定人与电磁场共存的和谐条件。在研究工作的基础上，上述国家相继于 20 世纪 50 年代或 60 年代提出并制定了相关频段的电磁辐射卫生标准或电磁污染环境标准，对电磁辐射环境进行人为的控制。

一般来看，许多国家基本上采用了作业安全标准允许值的 1/10 作为环境电磁辐射安全标准允许值。

我国在 20 世纪 80 年代开展了居民环境安全标准的制定工作，现以正式发布的标准有：国家环保部批准的《电磁辐射防护规定》（GB 8702—88）、卫生部批准的《环境电磁波卫生标准》（GB 9175—88）和国防科学技术工业委员会 1988 发布的《微波辐射生

活区安全限值军用标准》（GJB 475）三个标准。这三个标准中前两个标准在安全限值上不尽相同，有的频段上相差比较大，在使用时要注意。建议采用 GB 9175—88 标准限值。

二、电磁辐射防护规定（GB 8702—88）

该标准由国家环保部和国家技术监督局联合发布。

1. 总则

（1）为防止电磁辐射污染、保护环境、保障公众健康、促进伴有电磁辐射的正当实践的发展，制定本规定。

（2）本规定适用于中华人民共和国境内产生电磁辐射污染的一切单位或个人，一切设施或设备，但本规定的防护限值不适用于为病人安排的医疗或诊断照射。

（3）本规定中防护限值的适用频率范围为 100kHz～300GHz。

（4）本规定中的防护限值是可以接受的防护水平的上限，并包括各种可能的电磁辐射污染的总量值。

（5）一切产生电磁辐射污染的单位或个人，应本着"可合理达到尽量低"的原则，努力减少其电磁辐射污染水平。

（6）一切产生电磁辐射污染的单位或部门，均可以制定各自的管理限值（标准），各单位或部门的管理限值（标准）应严于本规定的限值。

2. 电磁辐射防护限值

（1）基本限值

① 职业照射　在每天 8h 工作期间内，任意连续 6min 按全身平均的比吸收率（SAR）应小于 0.1W/kg。

② 公众照射　在一天 24h 内，任意连续 6min 按全身平均的比吸收率（SAR）应小于 0.02W/kg。

（2）导出限值

① 职业照射　在每天 8h 工作期间内，电磁辐射场的场量参数在任意连续 6min 内的平均值应满足表 9-4 要求。

② 公众照射　在一天 24h 内，环境电磁辐射场的场量参数在任意连续 6min 内的平均值应满足表 9-5 要求（防护限值与频率关

表 9-4　职业照射导出限值

频率范围/MHz	电场强度/(V/m)	磁场强度/(A/m)	功率密度/(W/m²)
0.1～3	87	0.25	(20)①
3～30	150/$\sqrt{f}$	0.40/$\sqrt{f}$	(60/f)①
30～3000	(28)②	(0.075)②	2
3000～15000	(0.5$\sqrt{f}$)②	(0.0015$\sqrt{f}$)②	f/1500
15000～30000	(61)②	(0.16)②	10

① 系平面波等效值，供对照参考。

② 供对照参考，不作为限值；表中 f 是频率，单位为 MHz；表中数据作了取整处理。

表 9-5　公众照射导出限值

频率范围/MHz	电场强度/(V/m)	磁场强度/(A/m)	功率密度/(W/m²)
0.1～3	40	0.1	(40)①
3～30	67/$\sqrt{f}$	0.17/$\sqrt{f}$	(12/f)①
30～3000	(12)②	(0.032)②	0.4
3000～15000	(0.22$\sqrt{f}$)②	(0.001$\sqrt{f}$)②	f/7500
15000～30000	(27)②	(0.073)②	2

① 系平面波等效值，供对照参考。

② 供对照参考，不作为限值；表中 f 是频率，单位为 MHz；表中数据作了取整处理。

系曲线示于图 9-1)。

③ 对于一个辐射体发射几种频率或存在多个辐射体时，其电磁辐射场的场量参数在任意连续 6min 内的平均值之和，应满足下式：

$$\sum_i \sum_j \frac{A_{i,j}}{B_{i,j,L}} \leqslant 1 \qquad (9\text{-}6)$$

式中　$A_{i,j}$——第 i 个辐射体 j 频段辐射的辐射水平；

　　　$B_{i,j,L}$——对应于 j 频段的电磁辐射所规定的照射限值。

④ 对于脉冲电磁波，除满足上述要求外，其瞬时峰值不得超过表中所列限值的 1000 倍。

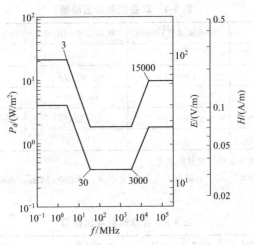

图 9-1 防护限值与频率的关系

⑤ 在频率小于100MHz的工业、科学和医学等辐射设备附近，职业工作者可以在小于1.6A/m的磁场下连续工作8h。

3. 对电磁辐射源的管理

(1) 下列电磁辐射体可以免于管理

① 输出功率等于和小于15W的移动式无线电通信设备，如陆上、海上移动通信设备以及步话机等。

② 向没有屏蔽空间的辐射等效功率小于表9-6所列数值的辐射体。

表 9-6 可豁免的电磁辐射体的等效辐射功率

频率范围/MHz	等效辐射功率/W
0.1~3	300
>3~300000	100

(2) 凡其功率超过3.(1)所列豁免水平的一切电磁辐射体的所有者，必须向所在地区的环境保护部门申报、登记，并接受监督。

① 新建或购置豁免水平以上的电磁辐射体的单体或个人，必

214

须事先向环境保护部门提交"环境影响报告书（表）"。

② 新建或新购置的电磁辐射体运行后，必须实地测量电磁辐射场的空间分布。必要时以实测为基础划出防护带，并设立警戒符号。

（3）一切拥有产生电磁辐射体的单位和个人，必须加强电磁辐射体的固有安全设计。

① 工业、科学和医学中应用的电磁辐射设备，出厂时必须具有满足"无线电干扰限值"的证明书。运行时应定期检查这些设备的漏能水平，不得在高漏能水平下使用，并避免对居民日常生活的干扰。

② 长波通信、中波广播、短波通信及广播的发射天线，离开人口稠密区的距离，必须满足本规定安全限值的要求。

（4）电磁辐射水平超过规定限值的工作场所必须配备必要的职业防护设备。

（5）对伴有电磁辐射的设备进行操作和管理的人员，应施行电磁辐射防护训练。训练内容应包括：

① 电磁辐射的性质及其危害性；

② 常用防护措施、用具以及使用方法；

③ 个人防护用具及使用方法；

④ 电磁辐射防护规定。

三、环境电磁波卫生标准 （GB 9175—88）

本标准为贯彻《中华人民共和国环境保护法》，控制电磁波对环境的污染、保护人民健康、促进电磁技术发展而制定。

本标准适用于一切人群经常居住和活动场所的环境电磁辐射，不包括职业辐射和射频、微波治疗需要的辐射。

1. 名词术语

（1）电磁波　本标准所称电磁波是指长波、中波、短波、超短波和微波。

① 长波　指频率为 100～300kHz，相应波长为 3～1km 范围内的电磁波。

② 中波 指频率为 300kHz～3MHz，相应波长为 1km～100m 范围内的电磁波。

③ 短波 指频率为 3～30MHz，相应波长为 100～10m 范围内的电磁波。

④ 超短波 指频率为 30～300MHz，相应波长为 10～1m 范围内的电磁波。

⑤ 微波 指频率为 300MHz～300GHz，相当波长为 1m～1mm 范围内的电磁波。

⑥ 混合波段 指长、中、短波、超短波和微波中有两种或两种以上波段混合在一起的电磁波。

（2）电磁辐射强度单位

① 电场强度单位 对长、中、短波和超短波电磁辐射，以伏/米（V/m）表示计量单位。

② 功率密度单位 对微波电磁辐射，以微瓦/平方厘米（μW/cm^2）或毫瓦/平方厘米（mW/cm^2）表示计量单位。

③ 复合场强 指两个或两个以上频率的电磁波复合在一起的场强，其值为各单个频率场强平方和的根值，可以用下式表示：

$$E = \sqrt{E_1^2 + E_2^2 + \cdots + E_n^2} \tag{9-7}$$

式中　　　　　　E——复合场强，V/m；

E_1，E_2，$\cdots$，E_n——各单个频率所测得的场强，V/m。

（3）分级标准 以电磁波辐射强度及其频段特性对人体可能引起潜在性不良影响的阈下值为界，将环境电磁波容许辐射强度标准分为二级。

① 一级标准 一级标准为安全区，指在该环境电磁波强度下长期居住、工作、生活的一切人群（包括婴儿、孕妇和老弱病残者），均不会受到任何有害影响的区域；新建、改建或扩建电台、电视台和雷达站等发射天线，在其居民覆盖区内，必须符合"一级标准"的要求。

② 二级标准 二级标准为中间区，指在该环境电磁波强度下长期居住、工作和生活的一切人群（包括婴儿、孕妇和老弱病残

216

者）可能引起潜在性不良反应的区域；在此区内可建造工厂和机关，但不许建造居民住宅、学校、医院和疗养院等，已建造的必须采取适当的防护措施。

超过二级标准地区，对人体可带来有害影响；在此区内可作为绿化或种植农作物，但禁止建造居民住宅及人群经常活动的一切公共设施，如机关、工厂、商店和影剧院等，如在此区内已有这些建筑，则应采取措施，或限制辐射时间。

2. 卫生要求

环境电磁波容许辐射强度分级标准见表 9-7。

表 9-7　环境电磁波容许辐射强度分级标准

波长	单位	容　许　场　强	
		一级（安全区）	二级（中间区）
长、中、短波	V/m	<10	<25
超短波	V/m	<5	<12
微波	$\mu W/cm^2$	<10	<40
混合	V/m	按主要波段场强，若各波段场强分散，则按复合场强加权确定	

四、微波辐射生活区安全限值（军用标准）（GJB 475—88）

1. 主题内容与适用范围

本标准规定了军用微波频段雷达和其他微波设备工作时，生活区的安全限值。

本标准适用于生活区内居住的各类人员。

2. 引用标准

GJB 476—88 生活区微波辐射测量方法。

3. 术语

（1）生活区　军用微波频段雷达和其他微波设备工作时在辐射场内居住的各类人员所处的地面环境和区域。

（2）微波　一般指分米波、厘米波、毫米波波段（频率从 300～300000MHz）的无线电波。

（3）功率密度　在空间某点上，用单位面积上的功率表示的能量值。计量单位为：W/m^2（mW/cm^2 或 $\mu W/cm^2$）。

（4）脉冲波和连续波　脉冲调制的微波信号称为脉冲波，连续振荡的微波信号称为连续波。

4. 技术内容

（1）脉冲波容许平均功率密度为 $0.15W/m^2$（$15\mu W/cm^2$），暴露时间无限制。

（2）连续波容许平均功率密度为 $0.30W/m^2$（$30\mu W/cm^2$），暴露时间无限制。

5. 超短波（$30\sim300MHz$）辐射安全限值在未制定出之前，可暂按本标准执行

6. 多个电磁辐射体总辐射水平的评价方法

（1）使用选频式场强仪时，具有不同工作频率的多个电磁辐射体，在同时工作时的总辐射水平应满足下式要求：

$$\sum_i \sum_j \frac{Q_{i,j}}{L_{i,j}} \leqslant 1 \qquad (9\text{-}8)$$

式中　$Q_{i,j}$——第 i 个辐射体在第 j 个频率的辐射水平，W/m^2；

　　　$L_{i,j}$——第 i 个辐射体在第 j 个频率的安全限值，W/m^2。

（2）使用非选频式宽带场强测量仪时，具有不同工作频率的多个电磁辐射体，在同时工作时的总辐射水平应满足下式要求：

$$\sum_m \sum_n \frac{Q_{mn}}{L_{mn}} \leqslant 1 \qquad (9\text{-}9)$$

式中　Q_{mn}——m 频段内的总辐射水平，W/m^2，当 $n=0$ 时为连续波工作方式，当 $n=1$ 时为脉冲调制方式；

　　　L_{mn}——m 频段内的安全限值，W/m^2，当 $n=0$ 时为连续波工作方式，当 $n=1$ 时为脉冲调制方式。

第四节　干扰控制标准

我国制定并修改了工业、科学研究、医疗卫生（ISM）射频设备电磁骚扰特性的限值和测量方法。这种标准是为了防止工业、科

学、医疗、家用或类似目的而生产和使用射频能量的设备或器具、电火花腐蚀设备工作过程中所形成的杂波干扰而制定的。目的是防止在环境范畴内由于杂波干扰而造成的另一类污染。该标准规定了9kHz～400GHz频率范围的限值。主要内容如下。

一、工、科、医设备使用的频率

我国指配给工、科、医设备作为基波频率使用的频率详见表9-8。（注：在个别国家工、科、医设备可能指配使用不同的或另外的频率）

表 9-8 工科医设备使用的基波频率[①]

中心频率/MHz	频率范围/MHz	最大辐射限值[③]	对 ITU 无线电规则的指配频率表作出的脚注编号
6.780	6.765～6.795	考虑中	524[②]
13.560	13.553～13.567	不受限制	534
27.120	26.957～27.283	不受限制	546
40.680	40.66～40.70	不受限制	548
2450	2400～2500	不受限制	752
5800	5725～5875	不受限制	806
24125	24000～24250	不受限制	881
61250	61000～61500	考虑中[③]	911[②]
122500	122000～123000	考虑中[③]	916[②]
245000	244000～246000	考虑中[③]	922[②]

① 表 9-8 采用 ITU 无线电规则第 63 号决议。

② 使用这些频段，须与可能受到影响的无线电通信业务部门取得协调一致并经国家行政部门的专门核准。

③ "不受限制"适用于指配频段内的基波和所有其他频率分量，但满足抗扰度要求（如 GB/T 9383）的其他设备，放置在靠近工科医设备使用时，可能还需要采取专门的措施才能达到兼容。

二、工、科、医设备的分组与分类

制造厂应在其生产的工、科、医设备上作出标记，标明设备的组别和类别。

1. 分组

(1) 1 组工、科、医设备（以下简称 1 组设备）　为发挥其自身功能的需要而有意产生和（或）使用传导耦合射频能量的所有工、科、医设备。

(2) 2 组工、科、医设备（以下简称 2 组设备）　为材料处理、电火花腐蚀等功能的需要而有意产生和使用电磁辐射射频能量的所有工、科、医设备。

2. 分类

(1) A 类设备　非家用和不直接连接到住宅低压供电网设施中使用的设备。

(2) B 类设备　家用和直接连接到住宅低压供电网设施中使用的设备。

三、电磁骚扰限值

1. 端子骚扰电压限值

(1) 150kHz～30MHz 频段

① 连续骚扰　设备在试验场测量时使用 GB/T 6113 规定的 $50\Omega/50\mu H$ 人工电源网络或电压探头。

150kHz～30MHz 频段内的电源端子骚扰电压限值规定在表 9-9(a) 和表 9-9(b) 中，但表 9-8 指配给工、科、医设备使用的频段内电源端子骚扰电压限值正在考虑中。

表 9-9(a)　在试验场测量时，A 类设备电源端骚扰电压限值

频段 /MHz	A 类设备限值/dB(μV)					
	1 组		2 组		2 组①	
	准峰值	平均值	准峰值	平均值	准峰值	平均值
0.15～0.50	79	66	100	90	130	120
0.50～5	73	60	86	76	125	115
5～30	73	60	90～71 随频率的对数线性减小	80～60 随频率的对数线性减小	115	105

① 电源电流大于 100A/相，使用电压探头测量。

注：应注意满足漏电流的要求。

220

表 9-9(b) 在试验场测量时，B 类设备电源端骚扰电压限值

频段 MHz	B 类设备限值/dB(μV)	
	1 组和 2 组	
	准峰值	平均值
0.15～0.50	66～56 随频率的对数线性减小	56～46 随频率的对数线性减小
0.50～5	56	46
5～30	60	50

注：应注意满足漏电流的要求。

在现场测量的 2 组 A 类工、科、医设备没有规定限值，除非本标准中另有规定。

② 断续骚扰 对于诊断 X 射线发生装置，因以间歇方式工作，其声限值为表 9-9（a）或表 9-9（b）中的连续骚扰准峰值限值加 20dB。

（2）家用或商用感应炊具 对于家用或商用感应饮具（2 组 B 类设备），其限值采用表 9-10。

表 9-10 感应炊具电源端子骚扰电压限值

频率/MHz	感应炊具限值/dB(μV)	
	准峰值	平均值
0.009～0.050	110	—
0.050～0.1485	90～80 随频率的对数线性减小	
0.1485～0.50	66～56 随频率的对数线性减小	56～46 随频率的对数线性减小
0.50～5	56	46
5～30	60	50

注：对于额定电压为 100V/110V 系统的电源端子骚扰电压限值在考虑中。

（3）30MHz 以上频段 30MHz 以上不规定端子骚扰电压限值。

2. 电磁辐射骚扰限值

（1）9～150kHz 频段 9～150kHz 频段内的辐射骚扰限值正

在考虑，但感应炊具除外。

（2）150kHz～1GHz 频段　除表 9-8 所列的指配频率范围外，150kHz～1GHz 频段内的电磁辐射骚扰限值规定如下：1 组 A 类和 B 类设备规定在表 9-11；2 组 B 类设备规定在表 9-12；2 组 A 类设备规定在表 9-13。对属于 2 组 B 类的感应炊具，其限值规定在表 9-14 和表 9-15，保护特殊安全业务的专门条款和限值分别规定在表 9-16 中。

表 9-11　1 组设备电磁辐射骚扰限值

频段 /MHz	在试验场		在使用现场
	1 组 A 类设备 测量距离 10m /dB(μV/m)	1 组 B 类设备 测量距离 10m /dB(μV/m)	1 组 A 类设备测量距离 30m （指离设备所在建筑物外墙的距离） /dB(μV/m)
0.15～30	在考虑中	在考虑中	在考虑中
30～230	40	30	30
230～1000	47	37	37

注：准备永久安装在 X 射线屏蔽场所的 1 组 A 类和 B 类设备，在试验场进行测量，其电磁辐射骚扰限值允许增加 12dB。不满足表 9-11 限值的设备应标明"A 类＋12"或"B 类＋12"等记号，其安装说明书中应用下列警示："警示：本设备仅可安装在对 30MHz～1GHz 频率范围的无线电骚扰至少提供 12dB 衰减的防 X 射线室内。"

表 9-12　在试验场测试时，2 组 B 类设备电磁辐射骚扰限值

频段 /MHz	电场强度，测量距离 10m /准峰值 dB(μV/m)	磁场强度，测量距离 3m /准峰值 dB(μA/m)
0.15～30	—	39～3 随频率对数线性减小
30～80.872	30	—
80.872～81.848	50	—
81.848～134.786	30	—
134.786～136.414	50	—
136.414～230	30	—
230～1000	37	—

222

表 9-13　2 组 A 类设备电磁辐射骚扰限值

频率 /MHz	限值,测量距离为 D	
	D 指与所在建筑物外墙的距离 /dB(μV/m)	在试验场,距受试设备的距离 $D=10$m/dB(μV/m)
0.15～0.49	75	95
0.49～1.705	65	85
1.705～2.194	70	90
2.194～3.95	65	85
3.95～20	50	70
20～30	40	60
30～47	48	68
47～53.91	30	50
53.91～54.56	30(40)①	50(60)①
54.56～68	30	50
68～80.872	43	63
80.872～81.848	58	78
81.848～87	43	63
87～134.786	40	60
134.786～136.414	50	70
136.414～156	40	60
156～174	54	74
174～188.7	30	50
188.7～190.979	40	60
190.979～230	30	50
230～400	40	60
400～470	43	63
470～1000	40	60

① 根据国家的情况,53.91～54.56MHz 频段内的限值可放宽 10dB。

表 9-14　环绕受试设备的 2m 环天线内的磁场感应电流的限值

频率/MHz	准峰值限值/dB(μA)	
	水平分量	垂直分量
0.009～0.070	88	106
0.070～0.1485	88～58 随频率对数线性减小	106～76 随频率对数线性减小
0.1485～30	58～22 随频率对数线性减小	76～40 随频率对数线性减小

注：表 9-11（a）的限值适用于对角线尺寸小于 1.6m 的家用感应炊具，按 GB/T 6113.2 中 2.6.5 规定的方法进行测量。

表 9-15　磁场强度限值

频段/MHz	准峰值限值，测量距离 3m/dB(μA/m)
0.009～0.070	69
0.070～0.1485	69～39 随频率对数线性减小
0.1485～4.0	39～3 随频率对数线性减小
4.0～30	3

注：本表的限值适用于商用感应炊具和对角线尺寸大于 1.6m 的家用感应炊具，按 GB/T6113.1 的 14.2.1 规定的 0.6m 环天线在 3m 距离测量，天线应垂直安装，环天线的底部高出地面 1m。

表 9-16　在特定区域内保护特种安全业务的电磁辐射骚扰限值

频段/MHz	限值/dB(μV/m)	在设备所在建筑物外,离外墙的距离/m
0.2835～0.5265	65	30
74.6～75.4	30	10
108～137	30	10
242.95～243.05	37	10
328.6～335.4	37	10
960～1215	37	10

注：许多航空通信业务需要对垂直辐射的电磁骚扰加以限制，如何保护这类系统正常工作的必要措施仍在继续制定中。

对于现场测试的受试设备，只要测量距离 D 在辖区的周界以内，测量距离从安装受试设备的建筑物外墙算起，$D = (30 + x/a)$

m 或 $D=100\text{m}$，两者取小值。当计算的距离 D 超过辖区的周界时，则 $D=x$ 或 30m，两者取大值。

在计算上述数值中：

x 是安装受试设备的建筑物墙和用户辖区周界之间在每一个测量方向上的最近距离；

$a=2.5$（频率低于 1MHz）；

$a=4.5$（频率等于或高于 1MHz）。

3. 1GHz～18GHz 频段

（1）1 组工、科、医（ISM）设备　其限值在考虑中。

注：在 1GHz 以上，1 组工、科、医（ISM）设备的辐射骚扰限值拟与正在考虑的信息技术设备（1TE）的限值相同。

（2）2 组工、科、医（ISM）设备

① A 类设备　其限值在考虑中。

② B 类设备

a. 工作在 400MHz 以下的工、科、医（ISM）设备　其限值在考虑中。

如果在 400MHz～1GHz 频段内，所有的发射值都低于 B 类限值，且骚扰源内部产生的 5 次谐波的最高频率低于 1GHz（即骚扰源的最高工作频率<200MHz，则 1GHz 以上就不需要进行试验）。

b. 工作在 400MHz 以上的工、科、医（ISM）设备　1GHz 至 18GHz 频段内的电磁辐射骚扰限值规定在表 9-17；工、科、医设备应满足表 9-18 或表 9-19 的限值。

表 9-17　工作频率在 400MHz 以上，产生连续骚扰的
2 组 B 类工科医设备的电磁辐射骚扰峰值限值

频段/GHz	场强，测量距离 3m/dB(μV/m)
1～2.4	70
2.5～5.725	70
5.875～18	70

注：1. 为了保护无线电业务，国家有关部门可能要求满足更低的限值。

2. 峰值测量采用 1MHz 分辨率带宽和不小于 1MHz 的视频信号带宽。

表 9-18　工作频率在 400MHz 以上,产生非连续骚扰的 2 组 B 类工科医设备的电磁辐射骚扰峰值限值

频段/GHz	场强,测量距离 3m/dB(μV/m)
1～2.3	92
2.3～2.4	110
2.5～5.725	92
5.875～11.7	92
11.7～12.7	73
12.7～18	92

注:1. 为了保护无线电业务,国家有关部门可能要求满足更低的限值。

2. 峰值测量采用 1MHz 分辨率带宽和不小于 1MHz 的视频信号带宽。

3. 本表限值已考虑到波动骚扰源如磁控管驱动的微波炉。

表 9-19　工作频率在 400MHz 以上,2 组 B 类工科医设备的电磁辐射骚扰加权限值

频段/GHz	场强,测量距离 3m/dB(μV/m)
1～2.4	60
2.5～5.725	60
5.875～18	60

注:1. 为了保护无线电业务,国家有关部门可能要求满足更低的限值。

2. 加权测量采用 1MHz 分辨率带宽和 10Hz 的视频信号带宽。

3. 为了检验本表限值,只需环绕 2 个中心频率进行测量;最大发射在 1005MHz～2395MHz 频段和最大峰值发射在于 505MHz～17995MHz(在 5720MHz～5880MHz 频段外)。在这两个中心频率之内用频谱分析仪以 10MHz 间距进行测量。

第十章　电磁辐射的测量

第一节　测量方法概述

环境电磁场可以分为两大类：一类为"一般电磁环境"，它是指在较大范围内，电磁辐射的背景值是由各种电磁辐射源通过各种传播途径造成的电磁辐射环境本底；另一类称为"特殊电磁环境"，它是指一些典型的辐射源在局部小范围内造成的较强的电磁辐射环境。一般电磁环境可以作为特殊电磁环境的本底辐射电平。

下面介绍电磁辐射测量（包括一般电磁环境的测量和典型辐射源的测量）中的一些基本方法。

一、布点方法

1. 一般电磁环境的测量

一般电磁环境的测量可以采用方格法布点：以主要的交通干线为参考基线，把所要测量的区域划分为 1km×1km 的方格，原则上选每个方格的中心点作为测试点，以该点的测量值代表该方格区域内的电磁辐射水平，实际选择测试点时，还应考虑附近地形、地物的影响，测试点应选在比较平坦、开阔的地方，尽量避开高压线和其他导电物体、避开建筑物和高大树木的遮挡。由于一般电磁环境是指该区域内电磁辐射的背景值，因此测量点不要距离大功率的辐射源太近。

为了监测某一区域（例如一个城市的市区）中电磁辐射的水平，被测区域可能被划分为许多方格小区（一般有几十个到一百多个），所有小区都设监测点工作量太大，也是不必要的，可以采用"人口密度加权"和"辐射功率加权"的方格选择其中部分典型的、有代表性的小区设监测点，具体方法如下。

① 用方格法把被测区域划为分 1km×1km 的方格小区。

② 统计每个小区中的人口密度（km^2 中的人口数量）和每个小区中辐射源的数量及有效辐射功率。有效辐射功率的计算方法如下。

A. 广播、电视发射天线的辐射功率按 100% 计算。

B. 广播、电视发射天线的电磁辐射对邻近各小区内电磁环境的影响也很大。为了体现出这种影响，计算邻近各小区（指东、西、南、北四个小区）内的有效辐射功率时，应加上发射天线辐射功率的 10%（计入这部分附加的辐射功率，是为了在计算辐射功率密度加权系数时，体现广播、电视发射天线的电磁辐射对邻近各小区内电磁环境的影响，这部分附加的辐射功率不计入被测区域内总的辐射功率）。

C. 通信设备的辐射功率按 100% 计算，雷达按平均辐射功率计算。

D. 工、科、医等射频设备泄漏的辐射功率只占其输出功率的很小一部分。对于 300kHz 以下的低频设备、辐射功率按其输出功率的 0.01% 计算；30MHz 左右的高频设备，辐射功率按其输出功率的 5% 计算，微波设备辐射比较强，可按屏蔽情况估算泄漏的辐射功率。

③ 计算每个方格小区内的人口密度加权系数，定义为

$$m = \frac{\text{该小区内人口数量}}{\text{被测区域内平均人口数量}} \qquad (10\text{-}1)$$

④ 计算每个方格小区内的辐射功率加权系数，定义为

$$n = 1 + \frac{\text{该小区内辐射功率}}{\text{被测区域内平均辐射功率}} \qquad (10\text{-}2)$$

若该小区内没有辐射源，则 $n=1$。

⑤ 各小区的加权系定义为

$$a_i = m \times n \qquad (10\text{-}3)$$

加权平均值为

$$\bar{a} = \frac{\sum_{i=1}^{N} a_i}{N} \qquad (10\text{-}4)$$

228

式中，N 为方格小区的个数。

⑥ 选择监测点。满足下列式子的小区可设监测点：

$$a_i \geqslant C\bar{a} \qquad (10-5)$$

式中，C 为选择系数，可根据具体情况确定。

2. 典型辐射源的测量

典型辐射源的测量一般采用"米"字形布点法（图 10-1）。

以辐射源为中心，在水平面内间隔 45°的 8 个方向上（一般选东、东南、南、西南、西、西北、北、东北 8 个方向），根据对具体辐射源测量的要求，分别选距辐射源不同的距离的点作为测试点。例如，对于工、科、医射频设备，可分别选 8 个方向上距离辐射源 1m、3m、5m、10m、30m、50m、100m 的点作为测试点；对于广播、电

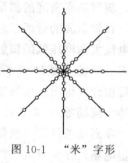

图 10-1 "米"字形布点法

视发射设备，可分别选 8 个方向上距发射塔 100m、200m、300m、500m、700m、1000m 的点作为测试点；对于定向辐射源，可在最大辐射方向上按上述方法布点测量。实际选择测点时也应考虑附近地形、地物的影响：测试点应选在比较平坦、开阔的地方，应避开建筑物后的遮挡区，还应远离导电物体和交通干线，避免机动车辆放电辐射的干扰。

二、环境条件

气候条件　环境温度一般为 $-10 \sim +40℃$，相对湿度小于 80%，室外测量应在无雨、无雪、无浓雾、风力不大于三级的情况下进行。室内测量，特别是测量工业高频炉、高频淬火、电解槽等设备的电磁辐射时，应注意环境温度不能超过测量仪器允许的范围。

在电磁辐射测量中，人体一般可以看做是导体，对电磁波具有吸收和反射作用，所以天线和测量仪器附近的人员对测量都有影响。实验表明：天线和测量仪器附近人员的移动、操作人员的姿

势、与测量仪器间的距离都影响数据，在强场区可达 2～3dB。为了使测量误差一定，保证测量数据的可比性，测量中测量人员的操作姿势和与仪器的距离（一般不应小于 50cm）都应保持相对不变，无关人员应离开天线、馈线和测量仪器 3m 以外。

三、测量内容

环境电磁场的测量包括各种频率电磁辐射的电场强度、磁场强度、辐射功率密度的测量和辐射频谱分析等。

在辐射源的近区，对电压高而电流小的辐射源主要测量电场；对电流大而电压低的辐射源主要测量磁场。在远区只需测量电场强度 E、磁场强度 H 或平均辐射功率密度 S_{av} 中的一个量，另外两个量可由计算得出。如果辐射不是单一频率的（例如一般电磁环境和脉冲干扰场等），需要做频谱分析。

在高压条件下（例如高压输电设备等），工频场的测量主要是测量电场；在大电流条件下，主要测量磁场。

静电场测量一般是测量静电电位。

四、测量时间

一般电磁环境的测量需要全天 24h 连续监测，考虑到由于各种原因，辐射场可能出现随机波动，每次测量应连续进行 3～5d，对每天的辐射高峰期，还应进行更详细的测量。

典型辐射的测量应在该辐射源正常时进行，考虑到辐射场可能出现的随机波动，每天可在上午、下午、晚上各测一次，每次间隔几分钟读取一个数据，连续测量 3～5d。

五、常用单位的换算

电场强度的单位是 V/m；磁场强度的单位是 A/m；辐射功率密度的单位是 W/m²，也常用 mW/cm²。用不同的单位表示同一强度的辐射场，换算关系如下。

$$\frac{V/m}{(120\pi)} = A/m \tag{10-6}$$

$$mW/cm^2 \cdot 10 = W/m^2 \tag{10-7}$$

$$mW/cm^2 \cdot 1200\pi = (V/m)^2 \tag{10-8}$$

$$\frac{mW/cm^2}{12\pi} = (A/m)^2 \tag{10-9}$$

利用图 10-2 可以很方便地进行 V/m 和 mW/cm^2、A/m 和 mW/cm^2 之间的换算。例如，测得辐射电场强度为 12V/m，可以算出（或查出）辐射磁场强度约为 0.032A/m，辐射功率密度约为 0.038mW/cm^2 或 0.38W/m^2。

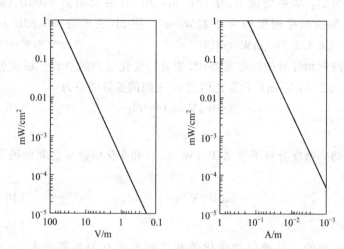

图 10-2 V/m、A/m 和 mW/cm^2 之间的换算

辐射场强常用分贝（dB）表示，通常规定：

$$0dB = 1\mu V/m \tag{10-10}$$

记为 dB（μV/m），电场强度可用分贝表示为

$$E(dB) = 20 \lg E(\mu V/m) \tag{10-11}$$

分贝数表示的场强也可换算为 V/m：

$$E(V/m) = 10^{\frac{E(dB)}{20} - 6} \tag{10-12}$$

辐射功率密度也常用 dB 表示，通常规定：

$$0dB = 1W/m^2 \tag{10-13}$$

记为 dB（W/m^2）。辐射功率密度可用 dB 表示为

$$S[dB(W/m^2)] = 10 \lg S(W/m^2) \tag{10-14}$$

分贝数表示的辐射密度也可换算为 W/m^2

$$S(\text{W/m}^2) = 10^{\frac{S[\text{dB(W/m}^2)]}{10}}\qquad(10\text{-}15)$$

有的资料中规定：

$$0\text{dB} = 1\text{mW/cm}^2\qquad(10\text{-}16)$$

记为 dB（mW/cm^2）。利用 $1\text{mW/cm}^2 = 10\text{W/m}^2$ 可以导出：

$$S[\text{dB(mW/cm}^2)] = S[\text{dB(W/m}^2)] + 10\qquad(10\text{-}17)$$

例如，辐射场强 E 为 10V/m，用 dB 可表示为 140dB（μV/m），辐射功率密度约为 0.27W/m²，用 dB 表示为 -5.8dB（W/m²）或 $+4.2$dB（mW/cm²）。

测量和计算中经常需要 dB 增量与变化倍数的换算。场强分贝增量 ΔdB（μV/m）和变化倍数 m 之间的换算关系为

$$\Delta\text{dB}(\mu\text{V/m}) = 20\lg m\qquad(10\text{-}18)$$

或

$$m = 10^{\frac{\Delta\text{dB}(\mu\text{V/m})}{20}}\qquad(10\text{-}19)$$

功率密度分贝增量 ΔdB（W/m²）和变化倍数 n 之间的换算关系为

$$\Delta\text{dB}(\mu\text{V/m}^2) = 10\lg n\qquad(10\text{-}20)$$

或

$$n = 10^{\frac{\Delta\text{dB}(\text{W/m}^2)}{10}}\qquad(10\text{-}21)$$

常用的分贝增量和变化倍数之间的换算关系可由表 10-1 中查出。

例如，场强增大 16.5dB，由表 10-1 中可以查出，16dB 是 6.31 倍，0.5dB 是 1.06 倍。所以，场强增大 $6.31 \times 1.06 = 6.69$ 倍

一般来说，电磁辐射的测量应有以下四个部分：

① 射频电磁场的测量；

② 微波辐射场的测量；

③ 工频电磁场的测量；

④ 静态电磁场的测量。

通常，射频电磁场是指 3kHz～300GHz 电磁波；工频电磁场是指数十赫兹到数百赫兹的电磁波；微波电磁场是射频电磁场的高频段，通常指 300MHz 以上的高频电磁波。由于目前的环境评价中最关心的是射频电磁场的辐射和工频电磁场的辐射。

表 10-1　分贝的增量和变化倍数之间的换算关系

ΔdB	场强比值		功率密度比值		ΔdB	场强比值		功率密度比值	
	增	减	增	减		增	减	增	减
0.1	1.01	0.989	1.02	0.977	7.0	2.24	0.447	5.01	0.200
0.2	1.02	0.977	1.05	0.955	8.0	2.51	0.398	6.31	0.158
0.3	1.04	0.966	1.07	0.93	9.0	2.82	0.355	7.94	0.126
0.4	1.05	0.955	1.10	0.912	10.0	3.16	0.316	10.0	0.100
0.5	1.06	0.944	1.12	0.891	11.0	3.55	0.282	12.6	0.079
0.6	1.07	0.933	1.15	0.871	12.0	3.98	0.251	15.8	0.063
0.7	1.08	0.923	1.17	0.851	13.0	4.47	0.224	20.0	0.050
0.8	1.10	0.912	1.20	0.832	14.0	5.01	0.200	25.1	0.040
0.9	1.11	0.902	1.23	0.813	15.0	5.62	0.178	31.6	0.032
1.0	1.12	0.891	1.26	0.794	16.0	6.31	0.158	39.8	0.025
2.0	1.26	0.794	1.58	0.631	17.0	7.08	0.141	50.1	0.020
3.0	1.41	0.708	2.00	0.501	18.0	7.94	0.126	63.1	0.016
4.0	1.58	0.631	2.51	0.398	19.0	8.91	0.112	79.4	0.013
5.0	1.78	0.562	3.16	0.316	20.0	10.0	0.100	100	0.010
6.0	2.00	0.501	3.98	0.251					

第二节　电磁辐射监测仪器和方法

中华人民共和国环境保护行业标准《辐射环境保护管理导则：电磁辐射监测仪器和方法》（HJ/T 10.2—1996）中关于一般环境电磁辐射测量方法的规定和要求（节选）。

1　测量条件

1.1　气候条件

气候条件应符合行业标准和仪器标准中规定的使用条件。测量记录表应注明环境温度、相对湿度。

1.2　测量高度

取离地面 1.7～2m 高度，也可根据不同目的，选择测量高度。

1.3　测量频率

取电场强度测量值＞50dB(μV/m) 的频率作为测量频率。

1.4　测量时间

基本测量时间为 5:00～9:00、11:00～14:00、18:00～23:00 城市环境电磁辐射的高峰期。若 24h 昼夜测量，昼夜测量点不应少于 10 个。

测量间隔时间为 1h，每次测量观察时间不应小于 15s，若指针摆动过大，应适当延长观察时间。

2　布点方法

2.1　典型辐射体环境测量布点

对典型辐射体，比如某个电视发射塔周围环境实施监测时，应以辐射体为中心，按间隔 45° 的八个方位为测量线，每条测量线上选取距场源分别为 30m、50m、100m 等不同距离定点测量，测量范围根据实际情况确定。

2.2　一般环境测量布点

对整个城市电磁辐射测量时，根据城市测绘地图，将全区划分为 1km×1km 或 2km×2km 小方格，取方格中心为测量位置。

2.3　按上述方法在地图上布点后，应对实际测点进行考察。考察地形地物影响，实际测点应避开高层建筑物、树木、高压线以及金属结构等，尽量选择空旷地方测试。允许对规定测点调整，测点调整最大方格边长的 1/4，对特殊地区方格允许不进行测量。需要对高层建筑物测量时，应在各层阳台或室内选点测量。

3　测量仪器

3.1　非选频式辐射测量仪

具有各向同性响应或有方向性探头的宽带辐射测量仪属于非选频式辐射测量仪。用有方向性探头时应调整探头方向以测量出最大辐射电平。

3.2　选频式辐射测量仪

各种专门用于 EMI 测量的场强仪，干扰测试接收机，以及用频谱仪、接收机、天线自行测量系统经标准场校准后可用于此目的。测量误差小于 ±3dB，频率误差应小于被测频率的 10^{-3} 数量级。该测量系统经模/数转换与微机连接后，通过编制专用测量软件可组成自动测试系统，达到数据自动采集和统计。

自动测试系统中，测量仪可设置于平均值（适用于较平稳的辐射测量）或准峰值（适用于脉冲辐射测量）检波方式。每次测量时间为 8～10min，数据采集取样率为 2 次/s，进行连续取样。

4 数据处理

4.1 如果测量仪器读出的场强瞬间值的单位为分贝 [dB(μV/m)]，则先按下列公式换算成 V/m 为单位的场强：

$$E_i = 10^{(\frac{x}{20} - 6)} \qquad (10\text{-}22)$$

式中，x 为场强仪读数，dB(μV/m)。

然后依次按下列各公式计算：

$$E = \frac{1}{n} \sum^{n} E_i \qquad (10\text{-}23)$$

$$E_s = \sqrt{\sum^{n} E^2} \qquad (10\text{-}24)$$

$$E_G = \frac{1}{M} \sum E_s \qquad (10\text{-}25)$$

式中 E_i——在某测量位、某频段中被测频率 i 的测量场强瞬间值，V/m；

n——E_i 值的读数个数；

E——在某测量位、某频段中各被测频率 i 的场强平均值，V/m；

E_s——在某测量位、某频段中各被测频率的综合场强，V/m；

E_G——在某测量位、在 24h（或一定时间内）内测量某频段后的总的平均综合场强，V/m；

M——在 24h（或一定时间）内测量某频段的测量次数。

测量的标准误差仍用通常公式计算。如果测量仪器用的是非选频式的，不用式(10-24)。

4.2 对于自动测量系统的实测数据，可编制数据处理软件，分别统计每次测量中测值的最大值 E_{max}、最小值 E_{min}、中值、

95％和80％时间概率的不超过场强值 $E_{(95\%)}$、$E_{(80\%)}$，上述统计均以［$dB(\mu V/m)$］表示。还应给出标准差值 δ（以 dB）表示。

如多次重复测量，则将每次测量值统计后，再按 4.1 的有关公式进行数据处理。

第三节　工频电磁场的测量

国际大电网会议（以下简称 CIGRE）第 $36 \cdot 01$ 工作组推荐两种类型的工频场强表，悬浮体型场强表和地面基准场强表。

1. 球形偶极子场强表

这是一种悬浮体型场强表，基本结构如图 10-3 所示。探测电极是两个半球组成的偶极子，沿赤道平面相互绝缘，接在一个低阻抗的测量回路上。把偶极子电极放入工频电场中，感应电流在测量回路的输入端产生一个电压降，经过测量回路放大，整流后送表头显示，可以直接读出被测电场的电场强度。

图 10-3　球形偶极子场强表

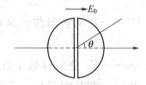

图 10-4　地面场强表的结构

设待测电场为一均匀电场 E_0（或在偶极子电极附近近似均匀），偶极子电极的赤道平面和未畸变时电场的等位面重合，如图 10-4 所示。利用分离变量法可以解出球面附近的电场。

$$E_s = 3E_0 \cos\theta \tag{10-26}$$

在工频场中，电极上的感应电流密度为

$$J = j\omega\sigma = j\omega\varepsilon_0 E_s \tag{10-27}$$

式中　σ——球面上的感应电荷密度。

两电极间总的感应电流

$$i = j\omega\varepsilon_0 \int_s E_s dS \tag{10-28}$$

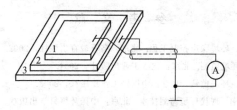

图 10-5　地面场强表

1—上极板；2—绝缘层；3—下极板

把式(10-26) 代入式(10-28)，可以算出

$$i = 3\pi\varepsilon_0 \omega a^2 E_0 \tag{10-29}$$

式中，a 为球形偶极子的半径。感应电流与待测场强成正比，因此测量感应电流即可确定待测场强 E_0。

2. 地面场强表（也称为地面测量电极）

地面场强表的结构如图 10-5 所示，它由相互绝缘的两块平行导体板组成，下面的导体平板接地，两导体平板通过一根电缆接测量回路。

设待测电场强度为 E_0，极板上的感应电流密度

$$J = j\omega\varepsilon_0 E_0 \tag{10-30}$$

两极板之间的感应电流

$$i = S\omega\varepsilon_0 E_0 \tag{10-31}$$

式中　S——上极板的面积。

显然，感应电流也与被测场强成正比。

参 考 文 献

[1] 洪宗辉主编. 环境噪声控制工程. 北京：高等教育出版社，2002.

[2] 陈玲等编. 环境监测. 北京：化学工业出版社，2004.

[3] 张俊秀主编. 环境监测. 北京：中国轻工业出版社，2003.

[4] 吴邦灿等编著. 现代环境监测技术. 北京：中国环境科学出版社，1999.

[5] 陈亢利等编. 物理性污染与防治. 北京：化学工业出版社，2006.

[6] 赵玉峰等编著. 现代环境中的电磁污染. 北京：电子工业出版社，2004.

[7] 李耀中主编. 噪声控制技术. 北京：化学工业出版社，2007.

[8] 王英健主编. 环境监测. 第二版. 北京：化学工业出版社，2000.